33天除焦记

时间岛◎编绘

*禁止焦虑
拒绝彷徨*

吉林文史出版社
JILIN WENSHI CHUBANSHE

图书在版编目（CIP）数据

33 天除焦记　心灵自愈 / 时间岛编绘 . -- 长春 ：吉林文史出版社，2025. 7. -- ISBN 978-7-5752-1464-3

Ⅰ . B842.6-49

中国国家版本馆 CIP 数据核字第 2025712Y0T 号

33 天除焦记　心灵自愈

33 TIAN CHU JIAO JI　XINLING ZIYU

编　　绘：时间岛
责任编辑：张涣钰
装帧设计：言　诺
出版发行：吉林文史出版社
电　　话：0431-81629352
地　　址：长春市福祉大路 5788 号
邮　　编：130117
网　　址：www.jlws.com.cn
印　　刷：三河市众誉天成印务有限公司
开　　本：710mm × 1000mm　1/16
印　　张：10
字　　数：120 千
版　　次：2025 年 7 月第 1 版
印　　次：2025 年 7 月第 1 次印刷
书　　号：ISBN 978-7-5752-1464-3
定　　价：59.80 元

目录

第四章 生活实践 / 95

第五章 持续成长 / 143

第一章
认识焦虑

焦虑，你到底是什么？

焦虑的第一个模样

周五晚上十点，手机屏幕亮了——

“下周一早上，有个临时项目汇报，PPT（演示文稿）你来做，顺便准备讲讲。”主管的消息冷不丁砸下来。

原本窝在沙发上刷剧的你，心脏猛地一紧，仿佛有人敲响了警钟。手忙脚乱地点开日历，脑海里已经飞快闪现出无数画面：

- PPT要做得多完美？
- 万一讲砸了怎么办？
- 领导是不是在考验我？
- 以后是不是没机会了？

明明什么都还没发生，但身体已经开始反应：手心出汗、胃里发紧、呼吸有点急促。这种悄然袭来的紧张，可能就是焦虑的表现。

焦虑并非错觉，也不一定是脆弱的象征，而是一种正常的生理与心理反应，如同下雨天的天空自然变暗般自然而然。

今天，我们就从这里出发，认识真正的焦虑。

 焦虑是什么？——你的大脑在拉警报

焦虑，本质上是一种“预警机制”。在远古时代，当人类听到树林里传来细微声响，焦虑让他们警觉起来，快速判断是猎物，还是猛兽。这种警觉反应，增加了生存的机会。

即使到了今天，我们的大脑仍然保留着这套系统。当它感知到“可能”的威胁，比如一次重要的会议、一次重大考试、一次告白的机会，它就会启动焦虑反应，让你准备迎战。

从生理角度来看，焦虑会引发一系列连锁反应：

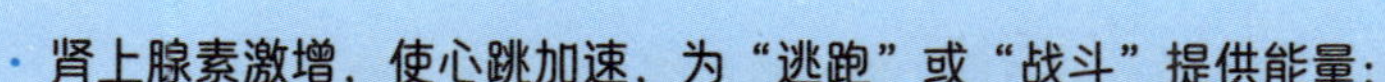
- 肾上腺素激增，使心跳加速，为“逃跑”或“战斗”提供能量；

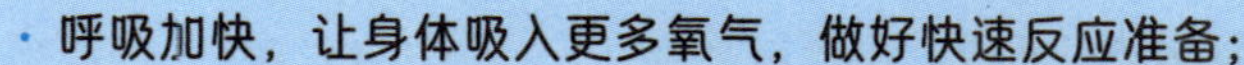
- 呼吸加快，让身体吸入更多氧气，做好快速反应准备；

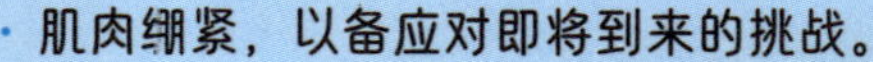
- 肌肉绷紧，以备应对即将到来的挑战。

而从心理角度看，焦虑则表现为：

- 脑海中过度演练各种可能的坏结果；
- 反复推敲细节、难以决断；
- 对失败、拒绝、尴尬等过度担忧。

焦虑其实是大脑的“好意提醒”。只是，有时候，它太过用力，把原本轻微

的不确定感，夸大成了一场头脑灾难。

焦虑的类型：你是哪一种？

焦虑并不是单一的情绪，它像一棵树，有不同的分枝。常见的焦虑类型，大致可以分为以下几类：

预期性焦虑

还没发生，就已经开始担心。比如：

- 明天的面试还没开始，今晚已经失眠；
- 聚会上不知道聊什么话题，提前三天就开始紧张。

特点是对未来不确定事件的过度担忧，通常伴随“如果……怎么办？”的循环式自问。

社交性焦虑

在人群中格外不自在，害怕被关注、被评价。比如：

- 公开发言时，脸红、出汗、手抖；
- 在陌生聚会里，恨不得隐形。

社交性焦虑让人过度关注别人的目光，生怕自己出丑或被否定。

表现型焦虑

只要求自己做到最好，否则就焦虑不安。比如：

- PPT不做到“完美”，就彻夜难眠；
- 作业、报告、发言，总是反复打磨，迟迟不敢交出。

这类焦虑较多见于完美主义倾向者，背后是深深的自我价值焦虑。

慢性背景焦虑

没有明确的焦点，但总觉得心里不踏实。比如：

- 明明没有具体问题，却总感觉“有事”；
- 每天都隐隐绷着一根弦，无法彻底放松。

这种慢性焦虑像背景噪声，很容易被忽视。

在不同的情境下，你可能会体验到不同类型的焦虑。有时候，它们还会交织在一起，让人感觉格外沉重。认识自己的焦虑类型，是调节它的第一步。

焦虑时身体在经历什么？

焦虑不是一个一闪而过的念头，它会真实地改变你的身体状态。

焦虑的生理反应：

- 心跳加快：为可能的行动（逃跑/战斗）提供能量；
- 呼吸急促：快速供氧，但可能导致头晕；
- 手心出汗：冷汗是身体为散热作准备；
- 肌肉绷紧：随时准备爆发力量；
- 胃肠不适：消化系统停滞，资源调动到肌肉和大脑；
- 失眠：夜晚大脑持续兴奋，难以入睡。

焦虑的心理反应：

- 过度担忧：总是想到最坏的情况；
- 注意力涣散：难以集中精神做事；

- 情绪易爆：一点儿小事就容易崩溃或生气；
- 逃避倾向：能不面对就不面对，能拖就拖；
- 自我否定：不断质疑自己的能力和价值。

这些反应未必是因为你“太差劲”，而是身体和大脑暂时正在“超负荷运作”。了解它们，是为了更温柔地对待自己，不是增加指责和压力。

焦虑可以被管理

焦虑不是需要被消灭的敌人，而是需要被管理的能量。想象一下，如果你没有一点儿焦虑：

- 考试之前淡定得像无事发生，可能影响发挥；
- 会议前毫无紧张感，容易忽视细节；
- 面对风险无动于衷，可能错过及时调整的机会。

适度的焦虑，正是驱动我们认真准备、提升表现的重要推手。真正的问题，不在于焦虑本身，而在于焦虑是否超出了正常范围；焦虑是否已经影响了你的日常生活和心理健康. 如果答案是肯定的，那么，你就需要采取一些方法，去调节它、疏导它、驯服它。

好消息是：焦虑是可以通过学习和练习，逐渐被管理的情绪。

今天的小练习

给焦虑起一个名字

今天，请你做一件简单的小事：

当你感到焦虑时，不要马上抗拒或逃避。请停下来，深呼吸三次，然后在心里问自己：

- 我现在焦虑的是什么？
- 它属于哪一类焦虑？预期性，社交性，还是其他？
- 这份焦虑是为了提醒我什么？

最后，给你的焦虑起个名字，比如："小剧场导演""杞人忧天先生""完美主义小兵"……

给它命名，是为了提醒自己：焦虑是情绪的一部分，但我是自己情绪的管理者。

焦虑的根源是什么？

焦虑的多重来源，从一次面试说起

你还记得你上一次面试的情景吗？

也许你提前三天开始担心衣服搭配，反复修改自我介绍，夜里辗转反侧，脑海里排演了无数次可能的提问和回答。真正走进面试室的那一刻，手心冒汗，声音发紧，连本该熟练的内容也突然变得陌生。

是面试官太可怕了吗？是题目太刁钻了吗？

其实，很多时候更大的敌人，往往藏在我们自己内心深处。

焦虑的根源，既有内在的性格模式，也有外部的环境刺激。有时候，它像一根细线，拉得绷紧而无声；有时候，它像一场暴风雨，席卷而来让人措手不及。

今天，我们一起走近焦虑背后的“推手”，看清它们，才能开始真正的调节和疗愈。

内部因素：性格、思维与成长经历

完美主义倾向

你是否习惯对自己要求极高？

- 作业要零失误，报告要无可挑剔；
- 朋友圈的每一张照片都要修到极致；
- 总是害怕“做得不够好”，害怕被评价。

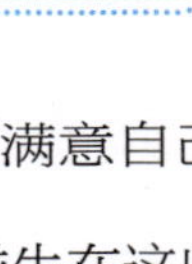

完美主义者对自己的标准往往高于常人，他们常常难以真正满意自己的表现，总在无形中给自己施加巨大的压力。焦虑，就像阴影，悄悄滋生在这些自我苛求的缝隙里。

高敏感人格

高敏感特质的人往往对外界刺激反应更加敏锐。

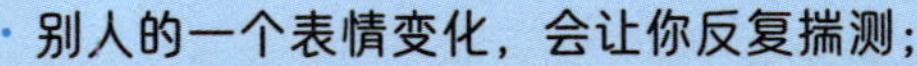

- 别人的一个表情变化，会让你反复揣测；
- 环境中的嘈杂或混乱，让你格外不安；
- 对失败或冲突，感受的比别人更深更久。

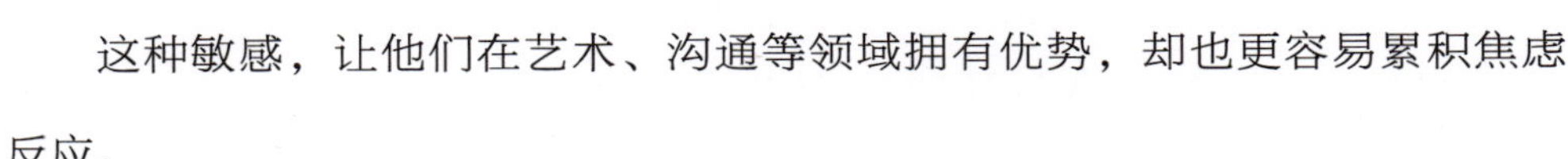

这种敏感，让他们在艺术、沟通等领域拥有优势，却也更容易累积焦虑反应。

过度自我关注

你是不是经常在脑海里模拟别人的反应？

- 我这样说话是不是很蠢？
- 大家是不是在暗暗笑我？

高度自我关注，会让小小的失误或异样，被放大成巨大的威胁。久而久之，焦虑就像持续的水流，慢慢损耗自信心。

成长经历的影响

- 在严格、批评多于鼓励的家庭环境中长大；
- 经历过突发事件或创伤，比如亲密关系破裂、重大失误等。

这些成长经历，会在潜意识里留下“我不够好”或“世界不安全”的信念，成为成年后焦虑的温床。

外部因素：环境、压力与社会节奏

竞争激烈的社会环境

在信息爆炸、变化加速的时代：

- 工作、升职、买房、结婚……每一件事都被拉进了竞赛；
- 社交媒体让我们不断看到“别人的成功”，加重了自我比较和焦虑感；
- 未来充满不确定性，焦虑容易变得常态化。

时间碎片化与注意力分散

一天被无数条消息侵袭：视频、社交推送、工作提醒交织在一起，很难有连续专注的时间，内心也难以真正安定下来。当注意力被频繁打断，未完成的事项堆积，焦虑自然随之而来。

角色压力与身份焦虑

20~40岁的年轻人，正处于人生角色变动最频繁的阶段：

- 职场新人vs职业发展；
- 单身自由vs建立家庭；
- 自我理想vs现实生存。

每一种身份，都带来期待与责任，每一种责任，都可能转化为无形的焦虑负荷。

焦虑不是弱点，而是未被看见的需求

焦虑并不意味着你不够坚强。焦虑其实是内心在提醒你：

- “我需要安全感”；
- “我需要认同和支持”；
- “我害怕失去或失败”。

若只是压抑焦虑而不去理解它，它便会像角落里被堆积的杂物，越积越多，最终给你带来负担。但如果你愿意停下来，温柔地看一眼自己的焦虑，听一听它在说什么——你就能在焦虑背后，发现真正的自己。

今天的小练习

描绘你的焦虑地图

今天，给自己一点儿安静的时间，拿出一张纸，画出你的“焦虑地图”。

第1步：在纸的中央，写下“我的焦虑”。

第2步：向外延伸出几条分支，每条分支写上一件最近让你焦虑的事情，然后标注上你认为的它背后的原因（比如：害怕失败、害怕被否定、害怕未来不确定）。

第3步：给每一条分支贴上情绪标签（如紧张、害怕、愤怒、无助）。

无须批评自己，只是观察。
认识，是改变的第一步。

我焦虑吗？

有一天，一位朋友跟我说：“我最近总觉得心里压着块石头，但又说不出具体在怕什么，只是每天醒来就紧张，晚上也睡不好。是不是我太矫情了？”

其实，不只是她，很多人都有类似的感受。焦虑有时候并不会以轰轰烈烈的形式出现。它可能是浅浅的胸闷，是在地铁上突然加快的心跳，是工作时无法集中注意力的轻度烦躁，是临睡前反复演练明天场景的默剧。这些信号，很容易被忽略，也很容易被误解成“脆弱”“无能”。但实际上，它们是真实存在的情绪呼救。

今天，我们就用一种温和、诚实的方式，帮自己做一次焦虑的自我评估，理解自己的现状，而不是批评自己。

 为什么要做焦虑评估?

焦虑评估不是为了贴标签，不是为了得出“我有病”或者“我完了”的结论。它的真正意义是让我们了解自己的焦虑地图，只有这样我们才能找到走出去的路线。

看见自己：明确你正在经历什么，而不是模糊地感受焦虑。

理解自己：知道焦虑从哪里来，在哪些情境下加重。

帮助自己：根据不同程度，选择适合自己的应对策略，而不是一味逃避或硬扛。

简单有效的焦虑自测

接下来，请你根据过去两周的状态，回答下面的问题。每个问题按如下标准评分：完全没有（0分），偶尔出现（1分），经常出现（2分），几乎每天都这样（3分）。

情绪方面：

①我是否经常感到紧张、担心或烦躁？

□完全没有 □偶尔出现 □经常出现 □几乎每天都这样

②我是否经常为未来的事情感到不安？

□完全没有 □偶尔出现 □经常出现 □几乎每天都这样

③我是否常常感到自己的情绪难以控制？

□完全没有 □偶尔出现 □经常出现 □几乎每天都这样

身体方面：

④我是否经常感到心跳加速、呼吸急促？

□完全没有 □偶尔出现 □经常出现 □几乎每天都这样

⑤我是否容易出汗、肌肉紧绷或头痛？

□完全没有 □偶尔出现 □经常出现 □几乎每天都这样

⑥我是否经常睡眠困难（入睡难、易醒、多梦）？

□完全没有 □偶尔出现 □经常出现 □几乎每天都这样

思维方面：

⑦我是否经常有消极或灾难性的想法？

□完全没有 □偶尔出现 □经常出现 □几乎每天都这样

⑧我是否在做决定时优柔寡断、容易犹豫？

□完全没有 □偶尔出现 □经常出现 □几乎每天都这样

⑨我是否容易陷入反复思考（过度分析过去或未来）？

□完全没有 □偶尔出现 □经常出现 □几乎每天都这样

行为方面：

⑩我是否因为担心或害怕，避免某些社交、工作或挑战性的情境？

□完全没有 □偶尔出现 □经常出现 □几乎每天都这样

打完分后，请把总分加起来。

0~7分：轻微焦虑，偶尔波动，属于正常范围。

8~16分：中度焦虑，可能已经对生活造成了一定困扰，需要关注。

17~24分：较重焦虑，建议开始有意识地调整心态与生活方式。

25~30分：严重焦虑，值得考虑寻求专业心理支持与辅导。

分数不是评判，而是一个提醒；焦虑不意味着你“做得不好”，而是说明你“需要帮助”；每个人都会焦虑，这不是弱点，而是成长过程中的一部分。如果你的得分较高，不要害怕。它说明你的大脑在努力提醒你：“嘿，你可能哪里需要调整了。”这是一种自我保护的象征，而不是失败。

焦虑的个性化小画像

除了打分外，我们还可以画一幅更个性化的“焦虑小画像”，帮助自己看得更清楚。

思考并写下：

- 我最容易在什么情境下焦虑？（例如：公开发言、见陌生人、临近考试）
- 焦虑时，我的身体反应是怎样的？（例如：心跳、出汗、肌肉僵硬）
- 焦虑时，我最常见的想法是什么？（例如：怕出错、怕丢脸、怕失控）
- 焦虑后，我通常会怎么做？（例如：逃避、拖延、发脾气、自我否定）

将这些答案整理下来，你会发现焦虑不再是一团模糊的雾，而变成了一个更具体、更可识别的挑战——这样，我们就能有针对性地制订行动计划了。

今天的小练习

写一封信给焦虑的自己

今天，请花10分钟，给自己写一封信：

感谢自己的焦虑，让你变得警觉、努力。

承认焦虑带来的痛苦，但告诉自己，你正在学习掌控它。

给未来的自己加油打气，告诉自己：“我正在努力变得更好。”

第二章
基础调适

怎么用呼吸缓解焦虑？

在焦虑的时刻，我们总是本能地去“做点什么”：刷手机、走神儿、咬指甲、点外卖……但真正能立刻安抚情绪的，并不在屏幕里，而在我们每天都在使用、却常常忽视的——呼吸。

你可能没意识到，你的呼吸，可能早就被焦虑暂时“劫持”了。当你感到焦虑时，呼吸会变浅、变快，甚至变得断续不均。这不是偶然，而是身体自动进入了“战斗—逃跑”模式。你的大脑正准备应对危险，即便这个危险只是老板的微信、未来的不确定，或者是一句还没说出口的话。反过来，你也可以用呼吸反过来影响大脑，解除这场虚惊。

今天，我们不讲复杂的术语，只讲你可以立刻练习、并可能立刻感受到变化的事情：深呼吸。

为什么“深呼吸”真的有效？

“深呼吸一下”，这句话你一定听过无数次。它听起来像一句随口安慰，却有着相应的生理基础支持其效果。

呼吸，是身体和情绪之间的桥梁。大多数生理功能（如心跳、血压）我们无法自主控制，但呼吸是少数既受自主意志控制，又受神经系统调节的活动。这意味着，当你练习深、慢、有意识地呼吸时，你其实在向神经系统发出一个信号："没事了，可以放松了。"

这种信号会调动副交感神经系统（也称"休息—修复系统"），帮助身体从焦虑模式退出，趋向修复与平衡状态。研究表明：

- 有意识的深呼吸，有助于降低皮质醇（压力荷尔蒙）水平；
- 慢呼吸训练有助于减缓心率、稳定血压；
- 规律性呼吸练习，有助于焦虑症、恐慌障碍、失眠等问题的改善。

你不需要变成瑜伽高手或冥想大师，只要每天花几分钟做深呼吸，就能让身体恢复平衡，给心灵一点儿喘息的机会。

深呼吸练习

以下是一种基础但有效的深呼吸方法，不需要工具、不需要特别环境，你只需要一个相对安静的角落和愿意试试的心。

把注意力带回到呼吸上

找一个坐着或躺着都舒适的位置。闭上眼睛，或者轻轻垂下眼帘。将注意力放在鼻尖或胸口的起伏处。你不需要控制什么，只要"观察"你的呼吸。这是让大脑慢下来、为接下来的深呼吸打基础。

关键词：不评判、不催促，只是观察。

进行“4-2-6”呼吸法

- 吸气4秒（缓慢地吸气，让腹部鼓起）；
- 屏息2秒（屏住呼吸）；
- 呼气6秒（缓慢地吐气，感受气息离开身体）。

这个节奏会让呼气时间比吸气更长，有助于激活副交感神经系统，从而带来镇静、安抚效果。重复这个呼吸循环5~10轮，总共只需要3~5分钟，常常能看到一定的安定效果。

小提示：如果一开始做不到4-2-6，可以试着用3-1-5过渡，找到属于你自己的节奏。

保持觉察，慢慢回到现实

练习完毕，不要立刻睁开眼站起来。花半分钟，让自己“察觉”此刻的身心状态：

- 你的肩膀是否更松了？
- 呼吸是否更顺了？
- 头脑是否更清楚了？

这一步不是“检查效果”，而是学会体会“内在的变化”，为之后的练习积累记忆。

如果你练不下去，那也没关系

很多人在刚开始做深呼吸练习时，会有这些想法：

- “我越想呼吸慢点，反而更紧张。”
- “我觉得这方法不适合我。”
- “我呼吸的时候还是在想工作啊！”

有这些想法很正常。请记住两个词：耐心和允许。练习深呼吸不是为了马上进入冥想状态，而是为了重新拾起对身体的掌控感。这本身就是缓解焦虑的重要一步。哪怕你今天只做了三次有意识的呼吸，也请为自己鼓掌——你已经向内在平衡迈进了一步，比昨天更靠近了一些。

今天的小练习

30秒的“呼吸时间盒子”

今天请你试试这个简单的练习。它不花时间，却能随时使用。步骤如下：

①拿一张纸，在上面画一个小方框，写上“我的30秒呼吸时间”。

②每当你意识到焦虑来了，就拿起这张纸，做5轮4-2-6呼吸。

③把纸装进口袋或放在桌边，它会提醒你：你始终有选择权，不被情绪推着走。

焦虑就像风，会掀起你内心的波浪。而呼吸是你脚下的锚，是你可以随时抓住的稳固点。你不需要改变所有的生活节奏，也不必成为修行者，只要从今天开始，每天给自己留三分钟，练习深呼吸。你的身体会记住，你的心也会慢慢知道——即使风再大，我也能稳稳地站在原地。

冥想能减轻焦虑吗？

早上醒来第一件事，是刷手机；中午吃饭时，还在回消息；晚上关灯，脑袋却还在回放白天的场面，计划明天的待办事项。

生活节奏越快，我们的大脑越像一台难以熄火的发动机——一直在想，一直在转，一刻不停。而焦虑，常常就是从这些停不下来的思绪中滋长出来的。

你有没有试过：什么也不做，只是坐着、闭上眼睛，让思绪自由流动，不控制、不判断？

很多人第一次尝试，会发现自己心里像坐着一群吵闹的小孩，常常觉得静不下来。

这就是为什么冥想会被越来越多心理专家推荐给焦虑者——不是因为它神秘，而是因为它训练的，正是我们有时会暂时失去的“内在安静力”。

冥想≠玄学

当“冥想”这个词开始流行时，它一度和“顿悟”“空想”等概念混淆，导致很多人误以为这是一种“精神升天”的神秘体验。其实，冥想的英文叫meditation，原意就是“有意识地专注于当下”。更准确地说，它是一种训练注意力的练习：你选择一个锚点（呼吸、声音、身体感觉等），然后让注意力持续停留在这个点上；当注意力飘走时，你温柔地把它拉回来，如此循环。

冥想不是控制思想，也不是压制情绪，而是看清思绪、理解情绪，再轻轻放下它们。它不是要求你“放空”，而是教你“放下”。

对于焦虑者而言，这种练习放下的过程，可以看作应对过度担忧、打断思绪螺旋的心理肌肉训练。

冥想对缓解焦虑的帮助

焦虑让我们的大脑进入高度警觉状态，想象力爆发，担忧无限扩大。而冥想所做的是在这个过程中设置一个“缓冲垫”。冥想带来的心理益处可能包括：

增强觉察力：你越能看清思绪流动，可能越不容易被它过度绑架；

提升情绪调节能力：冥想练习者的大脑在面对负面刺激时，有时反应会相对冷静、延迟出现；

培养“间隔”感：在情绪和反应之间创造“空间”，有助于避免一焦虑就冲动、逃避、爆发。

打断自动思维回路：我们的大脑容易在焦虑中循环自问“怎么办”，冥想有助于我们识别这些循环，尝试走出来；冥想不是为了解决问题，而是培养一种不被问题轻易“拉走”的能力。当你能在心里说“我看到我在焦虑，但我不被它定义”，你已经在改变与焦虑的关系了。

3分钟正念冥想入门练习

别让“冥想”这两个字吓住你。你通常不需要安静的禅房、昂贵的垫子、复杂的手印，只需要一把椅子和一个愿意尝试的现在。以下是一种适合初学者的3分钟正念冥想：

①环境准备（30秒）

· 找个干净、不易打扰的空间，坐在椅子上；

· 双脚平放在地面，背部挺直但不僵硬；

· 轻闭双眼，双手放在大腿上。

②专注呼吸（90秒）

· 将注意力放在呼吸上。不要刻意调整，只要感觉空气进出鼻腔或胸腹的起伏；

· 如果注意力飘走，没关系，温柔地带回到呼吸上；

· 可在心中默念“吸气—呼气”，帮助保持专注。

③回到当下（60秒）

· 睁开眼睛前，先觉察一下此刻的身体感觉；

· 感受你的呼吸、心跳、情绪状态；

· 然后缓缓睁开眼，继续你的生活。

这段时间里，你什么也不需要“完成”，只需要“陪伴自己”。

并不是每一次冥想都能让你平静

很多人第一次冥想会有这样的反馈：

“我越冥想越浮躁。”

“我脑袋里比平时还吵。”

“我感觉完全没静下来，没达到期待的效果。”

这些感受，其实说明你开始觉察自己的内在状态了。冥想的目标，不是每次都进入“宁静”，而是慢慢建立你与自己思绪之间的空间。哪怕你这3分钟里只是反复把注意力拉回来，那也是得到了练习。冥想不求完美，只求持续。就像健身不是比谁肌肉大，而是看谁愿意每天出现在训练场。

今天的小练习

写下你的“杂念清单”

冥想时你常常被什么打断？今天，请你尝试用一张纸记录冥想过程中的干扰思绪，比如：

- “我刚才忘记回消息了。”
- “明天要不要穿这件衣服？”
- “等等，我是不是听到有人敲门？”

无须评判它们，只是记录。这张“杂念清单”，是你思维世界的真实样子。下次冥想时，当它们再次出现，你会更容易微笑着说：“嗨，我记得你。”

吃什么能减轻焦虑？

你有没有注意过，有时候明明事情没有很糟糕，你却特别容易烦躁、特别容易“炸”？而那些时刻，常常发生在你——

- 没有及时吃饭而饿过头了；
- 一天只靠咖啡和奶茶续命；
- 吃了太多高糖零食后发困、情绪低落；
- 熬夜后第二天早上随便对付一口，午餐又报复性进食。

我们习惯把情绪问题归咎于压力、睡眠、人际冲突，却很少意识到，饮食也在深层次塑造我们的情绪状态。

你吃的每一口食物，不只填饱肚子，还在悄悄影响你的神经系统、荷尔蒙分泌甚至大脑对信息的加工方式。而焦虑有时是这些微妙变化累积之后的报警信号。如果你愿意重新审视自己的饮食习惯，你会发现：许多焦虑，不是“想太多”，而是“吃得太乱”。

焦虑与饮食的五个隐形联系

血糖波动：情绪“过山车”的元凶

许多上班族的典型饮食习惯：早上不吃，午饭狼吞虎咽，下午靠咖啡和甜品续命，晚上暴饮暴食。

这种高糖、高碳（精制碳水化合物）、高油又不规律的饮食，会让血糖大幅波动。血糖飙升时你会短暂亢奋，但很快就迎来血糖骤降，大脑一时间缺乏足够的“燃料”，焦虑、易怒、注意力涣散、情绪低落随之而来。

长此以往，身体会形成“高血糖—高胰岛素—低血糖—焦虑”的恶性循环。

咖啡因刺激：适量提神，过量焦虑

咖啡本身并非有害，但它是一种神经兴奋剂。适量饮用可以提升专注力，但一旦摄入过多（尤其是在压力大、睡眠不足的状态下），就可能放大焦虑感。具体表现有：心跳加快、手抖、坐立不安、易怒……甚至与焦虑症状几乎一模一样。尤其是空腹喝咖啡或连喝两杯以上，都会加重焦虑感。

酒精：伪装成放松，实则偷走安稳

“喝点酒就能放松下来”听起来没错，但真相是：酒精是一种抑制神经递质的物质，它短期内让人感觉“松弛”，却会在代谢过程中干扰睡眠、加重抑郁、诱发焦虑。你以为的放松，实则是焦虑在积蓄，准备第二天反弹。

肠道健康：情绪问题，可能是肠道在“喊话”

你知道吗？人类内90%的血清素（与情绪稳定及愉悦感有关的神经递质），是在肠道合成的。因此，肠道常被称为“第二大脑”。

长期摄入高油高糖、纤维摄取不足，会扰乱肠道菌群，进而影响神经系统和大脑的情绪调节能力。部分焦虑和情绪波动，未必是“心理问题”，而可能是肠道菌群失调发出的信号。

缺乏关键营养素：大脑也会“营养焦虑”

你焦虑的时候，大脑需要用更多的营养物质来维持运转。如果你的饮食长期缺乏以下几类物质，可能加重大脑疲惫加剧和情绪不稳：

B族维生素：参与神经递质合成；缺乏时易焦躁、注意力不集中；

镁：天然的“神经系统安抚剂”；现代人容易摄入不足；

Omega-3脂肪酸（多不饱和脂肪酸，主要含DHA、EPA）：有助于神经系统稳定与情绪调节；

色氨酸：血清素的前体，主要来自蛋白质类食物；

复合碳水化合物：维持血糖稳定，避免情绪大起大落。

也就是说，有时候你的困扰不单是心态问题，也可能源于大脑“饿了”。

抗焦虑的饮食原则

我们不鼓励苛刻的饮食规定，也不提倡盲目“戒”某种食物，而是希望你能逐步建立一套支持情绪稳定的饮食体系。这套体系的关键词，不是清淡，而是“平衡+节律+情绪友好”。

原则1：规律进餐，稳定血糖

- 保证三餐时间基本固定，避免空腹过久；
- 早餐一定要吃，哪怕是一片全麦面包+煎蛋；
- 每一餐应包含优质蛋白+健康碳水+膳食纤维；

· 避免高糖零食、含糖饮料作为情绪补偿。

关键在于让身体感受到被善待，而非单纯吃得少。

原则2：少刺激，多修复

· 控制咖啡因摄入，每天不超过2杯咖啡，并且最好不空腹；

· 减少酒精摄入，特别是睡前饮酒；

· 增加抗氧化食物摄入，如蓝莓、坚果、绿茶；

· 尽可能选择原形食物，避免高度加工食品。

让神经系统不被“推着跑”，恢复自身节奏。

原则3：吃进“养情绪”的营养素

可以重点补充以下食物：

营养素	主要作用	食物来源
B族维生素	支持大脑能量代谢，稳定情绪	全谷物、瘦肉、蛋类、豆类
镁	放松肌肉，有助于缓解神经紧张	深绿叶蔬菜、香蕉、坚果、豆腐
Omega-3脂肪酸	支持神经可塑性，减少炎症	深海鱼（鲑鱼、金枪鱼）、亚麻籽（植物性脂肪酸来源）
色氨酸	血清素合成体，改善睡眠与情绪	鸡蛋、奶酪、豆制品、南瓜籽、鸡胸肉
复合碳水	提供持续稳定能量	糙米、藜麦、燕麦、红薯

不是所有的焦虑都靠吃解决，但大脑“不挨饿”，心情才有底气安定。

情绪饮食的误区

焦虑时最容易犯的饮食冲动是：吃那些让你立刻舒服，但事后更崩溃的食物。比如：

- 油炸+碳酸：吃完满足几分钟，随后罪恶感爆棚；
- 奶茶+蛋糕：血糖瞬间飙升；
- 辣条+膨化食品：口味刺激，但让肠胃负担沉重、睡眠更差。

这些食物并不是不能吃，而是不该成为你情绪自救的默认选项。建议你建立一个情绪友好饮食替代表，学会提前准备“替代方案”，而不是情绪来了再手忙脚乱。

想食用的东西	更好的选择（仅供参考）
奶茶	红枣桂圆茶、低糖豆浆
薯片、炸鸡	烤红薯、烤坚果、海苔
冰激凌、甜点	无糖酸奶+水果
夜宵（烧烤等）	紫薯、香蕉、温热麦片

制订属于自己的情绪营养计划

你不需要一夜之间变成健康饮食达人。关键是从今天开始，帮自己建立情绪友好的饮食节律。以下是一个可操作的3步小计划：

第1步：记录今天的饮食+情绪

每一餐之后简单记录自己吃了什么、情绪如何；

如果下午特别焦虑，回头看看午餐是不是太油腻、吃得太快；

用3天观察饮食与情绪之间的关系。

第2步：为自己准备一个安心食物清单

选择3~5种你爱吃、吃了会感到心情放松且相对健康的食物，（例如：鸡蛋三明治、小米粥+芝麻糊、低糖豆花、热牛奶+麦片），把它们备在冰箱里或便当盒中，作为焦虑时的备选。

第3步：规划一天中最容易焦虑时的营养辅助

如果你下午3点最容易焦虑，可以安排一份健康小食+热饮；

如果你晚上刷手机会影响睡眠，晚上9点可以改成喝一杯热牛奶；

把饮食从“被动补偿”变成“主动照顾”。

你不是要用食物控制情绪，而是要学会用食物照顾自己的状态。

今天的小练习

写下“我的安心饮食表”

今天，请你在笔记本或便签上，写下3个小清单：

①我吃完后容易情绪不稳的食物：________________

②我吃了会感到安心、放松的食物：________________

③我准备尝试的新食物替代品：________________

贴在冰箱门、办公桌、餐包里。焦虑来临时，它们可以成为你最实际的情绪锚点。

焦虑之所以侵入生活，部分源于我们习惯忽略自身边界、妥协生活节奏。而饮食是你每天可以重新建立界限、传递自我关怀的方式。你不必吃得完美，只需在每一次咀嚼中，慢慢找回对身体的信任。吃得稳，情绪才稳。情绪稳了，生活也会显得更可控。

焦虑时该运动吗？

焦虑有时让人想逃离一切，哪怕只是缩在床上躲几分钟；而有时，它又像一团火，烧得你坐立不安，恨不得去跑步机上狂奔几公里。这种身体的双向反应，其实揭示了一个核心问题：焦虑不是纯粹的“心理事”，它首先是一场生理层面的失衡反应。

大脑发出危险警报，心跳加快、呼吸变浅、肌肉绷紧……你不是想动，而是被动地进入了激活状态。这个时候，身体里的能量没有出口，它就可能转化为情绪波动、烦躁易怒、持续不安。

那么，运动能不能成为这个“出口”？

答案是：不仅可以，而且非常必要。但前提是——你得知道该动，怎么动，动到什么程度。

运动如何帮助你调节焦虑？

我们常说运动有益身心，但它对焦虑的帮助，并不是简单的出出汗、甩甩压力而已。事实上，运动对情绪的作用是全方位、机制复杂且效果相对稳定的。

重新调节神经系统的“刹车与油门”

焦虑时，交感神经系统类似像油门常处于高度激活状态，导致人高度紧绷、不易放松。而有节奏的有氧运动（如快走、慢跑、游泳等），能激活副交感神经系统刹车，帮助你慢慢放松下来。你会发现，运动后不仅肌肉放松，心情也更容易平静。

增加“快乐分子”的分泌

规律运动可以促使大脑分泌多种神经递质，包括：

内啡肽：天然的“止痛剂”和“快乐激素”，能带来运动后的愉悦感；

多巴胺：带来动机与满足感；

血清素：调节情绪、改善睡眠的关键物质，部分焦虑者可能缺乏。

这些物质不会立竿见影，但坚持运动，它们会像温和地重启系统一样，逐渐改善你的情绪基调。

改变你对身体感受的解释

焦虑时的心跳快、出汗、呼吸急促，会被我们误解为“危险信号”，而运动则帮你重新认识这些身体反应：

- 心跳加速？跑步时也一样，但你知道这是正常的；
- 呼吸急促？游泳时你学会了如何调整呼吸；
- 肌肉紧绷？瑜伽课让你学会在张力中找到舒展。

这就是所谓的“身体去敏感化”过程——你对这些身体感觉越熟悉，在焦虑

时越不容易“过度解读”它们。

你以为的运动，可能加重焦虑

听起来运动很美好，但你是否也经历过这些：

- 想锻炼，但一想到去健身房就更焦虑；
- 试过HIIT（高强度间歇训练）或跳操，运动完反而更烦躁；
- 给自己定目标“每天1小时”，坚持两天就放弃。

焦虑者常常陷入一个隐形陷阱：把运动当作必须完成的KPI（关键绩效指标），一旦达不到目标，便可能自责、内耗，反而加重焦虑。因此，对焦虑者而言，运动最重要的原则不是强度，而是体验感。

如果你的运动让你觉得疲惫、焦躁、厌烦，说明它并未起到正向作用。你需要的，是一套心理友好型运动计划。

今天的小练习

3个身体觉察小动作

1.肩膀循环放松（坐立皆可）

- 吸气时耸起双肩，停1秒；
- 呼气时肩膀缓慢向后绕圆圈放下；
- 上述两个动作重复5次。

适合：工作间隙、焦虑时肩颈紧绷状态。

2.“踮脚—落地”感知练习（身体稳定训练）

- 赤脚站立，脚跟抬起、踮脚3秒，再缓缓落地；
- 闭眼尝试上述动作，感受“地面支撑”的安全感；
- 做3组，每组5次。

适合：焦虑中感到飘忽不定、不踏实时。

3.音乐伴随原地摆臂

- 播一段自己喜欢但节奏不快的纯音乐；
- 原地左右摆臂，不讲求动作到位，只讲“舒展”；
- 闭眼体验“律动带来的松感”。

适合：情绪堵塞但说不出话时，借身体舒展来通畅内在。

睡不好，是焦虑惹的吗？

你关了灯，身体躺在床上，眼睛却睁着。白天发生的事像电影一样在脑子里倒放，工作没完成、吵架没发挥好、未来不确定……你翻了个身，又翻回去，时间过去了一个小时。你不是不想睡，是太想睡却睡不着。你不是不困，是身体累了，大脑还在加班。

在越来越多成年人生活中，失眠成为“新常态”：

- 也不是完全睡不着，而是睡得浅、醒得早；
- 睡着了，但做梦连连，醒来更累；
- 有时靠助眠APP、褪黑素，甚至酒精度日。

如果你也处在这样的状态，请别急着归因生活节奏太快、工作压力太大，先问自己一句：我的失眠和我的焦虑有多深的关系？

什么是焦虑型失眠？

焦虑型失眠主要不是由生理问题引起的睡眠障碍，而是由持续性紧张、担忧、心理警觉所导致的入睡困难或睡眠不深。表现为：

- 躺下后脑海停不下来，越想越清醒；
- 睡前突然回忆起尴尬场面、失败经历；
- 明明很困，但一闭眼就心跳加快、呼吸急促；
- 容易早醒，一醒就再也睡不着。

焦虑型失眠的本质是对睡觉这件事的过度努力。越想入睡，就越控制不住思绪，越想“明天一定得精神好”，就越睡不好。

人的睡眠是由两个系统协同控制的：生物钟系统控制我们一天中清醒与困倦的自然节律；唤醒系统应对外部刺激，保持警觉与行动准备。当你焦虑时，这两个系统会被打乱。

- 焦虑让唤醒系统持续活跃，你生理上难以进入放松状态；
- 焦虑还会让你过分关注睡眠质量本身，越观察越焦虑；
- 焦虑降低深睡比例，就算睡着了，也睡不沉，睡不稳。

应对焦虑型失眠，你还有其他选择

许多焦虑失眠者第一反应是求助立竿见影的方法，比如药物、酒精、褪黑素、助眠音频。这些方法有短效作用，但难以解决根本问题。真正有效的睡眠修复需要从认知、情绪、行为三个维度入手。

认知：打破“越想睡越睡不着”的焦虑

很多失眠者的大脑会形成一个睡眠焦虑模型：我今晚必须早点睡→我不能失眠→我好像又睡不着了→明天完了→越想越清醒。

此时你要做的不是强行入睡，而是告诉自己：我的任务不是睡觉，而是放松；睡不着也没关系，我可以先休息。

解除对入睡必须完成的执念，大脑才会降低兴奋度。

情绪：为大脑创造“下班信号”

睡前一个小时是决定你能否入睡的“黄金窗口”，对你的入睡有重要影响，需要让你的神经系统收到信息：今天的刺激输入已结束，身体可以慢慢降速。因此请尽量不要在这个时间段做如下事情：

- 看工作邮件/未读消息；
- 刷社交媒体（尤其是短视频）；
- 做让情绪波动的事（剧烈运动、激烈争执）；

替代方案：

- 洗个热水澡；
- 听舒缓音乐；
- 点一支你喜欢的香薰；
- 写写日记，整理清今天的情绪。

行为：建立“睡眠节奏感”

人的睡眠在一定程度上是可以被训练的。建立稳定节律，就是在帮身体形成条件反射。以下是具体建议：

项目	操作建议
起床时间	每天固定，即使前一晚没睡好也不赖床
睡前仪式	固定一套入睡动作（如洗脸、泡脚、冥想等），帮助大脑建立“准备睡觉”连接

续表

项目	操作建议
光线管理	晚上减少蓝光，早晨主动晒太阳，帮助生物钟调节
运动安排	晚上不过度剧烈运动，可在白天安排有氧运动促进褪黑素分泌
饮食控制	睡前避免高糖、高咖啡因食物，晚餐不过量
躺下前处理思绪	写下烦恼待办事项，避免“带着事上床”

今天的小练习

建立你的睡前松弛清单

今天，请为自己写下一张睡前“安心节奏表”，包括：

- 睡前两小时我要远离：__________（如社交媒体、咖啡）
- 睡前我想进行的放松行为：__________（如洗热水澡、读几页书）
- 万一睡不着时，我可以做的事：__________（如深呼吸、听冥想音频、不焦虑地等待）

把这张表贴在床边或储存在手机备忘录里，它不是规则，而是提醒：我是可以一步步找回好眠的。

请你相信，那个能照顾好自己身体节律、情绪边界、心理空间的人，就藏在你每天愿意为自己泡一杯温和的饮品、按时关灯、关掉手机的选择里。今晚开始，试着让你的夜晚，也成为自我修复的一部分。

为什么越忙越焦虑？

你有没有这种体验：

- 明明日程表排得满满当当，却总觉得“还有什么没做”；
- 忙了一整天，却对结果毫无成就感；
- 一闲下来，就容易不知该干什么，反而更焦虑；
- 看别人打卡学习、运动，你也总想挤时间，却越来越累。

你以为，是自己还不够高效，但其实，是你对忙碌有了误解。很多焦虑，并不是来自做得太少，而是做得太多，但缺乏方向和掌控感。越忙越焦虑，未必是你的能力不够，而是你把忙碌当成了情绪避难所却不自知。

真正让你焦虑的，往往不是任务本身，而是失控感

人的焦虑，有一个隐形诱因——掌控感的丧失。当你觉得事情节奏掌握在自己手里，就算任务很多，通常也能保持更稳定心态。而一旦你觉得事情堆在头上但无法处理好，焦虑就可能找上门来。越忙越焦虑，往往是因为：

- 你不是真的在掌控时间，而是被时间推着走；
- 你不是在做对你重要的事，而是在填补空白、避免内耗；
- 你看似时间不够用，其实是注意力长期被稀释，心神疲惫。

从心理学视角看，盲目忙碌可能是一种逃避型应对机制，它让我们暂时忘记内心真正的困惑与不安，却无法带来真正的缓解。

忙碌≠高效，小心“效率陷阱”

你忙得越彻底，越难听见内心的声音。以下这些“效率陷阱”，你中招了吗？

“打卡式”生活，让你习惯对外而非对内

你是否每天都：

- 打卡学习进程、运动记录、阅读目标；
- 每完成一项任务就拍照发圈；
- 把所有行为变成KPI式的量化。

这看似激励自己，实则容易让你为被人看见而忙，而非为自我滋养而忙。

清单太多，却从不问“我为谁做？”

很多人爱列清单，却忽视了一件事：清单本身未必能减焦虑，真正有用的是清单背后的排序逻辑。你列的是：

- 别人希望你做的事，还是对你当下最重要的事？
- 看起来有意义的任务，还是真正改变生活状态的行动？

缺乏内在排序，只会让清单变成长长的“自我责备清单”。

时间切割过碎，注意力难以集中

手机一响，思绪跳走；微信一弹，情绪中断；开着几十个标签页，以为自己多线程，其实每个线程都低效。碎片化的注意力是现代焦虑的重要诱因。你没真正进入一件事，就匆忙转向下一件，最终收获：

- 任务堆积；
- 成就感缺席；
- 脑力持续感到疲劳。

如何从“越忙越焦虑”中脱身？

每日三问法：让你从“机械忙”回到“有意识地活”

每天早晨或晚间花5分钟，写下以下三问：

- 今天我最需要做的一件事是什么？（必须完成的核心任务）
- 今天我想做的一件事是什么？（滋养自我的事）
- 今天我可以放弃暂时搁置的一件事是什么？（对缓解焦虑无用、可割舍的）

这三个问题的意义在于：它让你重新掌控生活的“方向盘”。

“一日一空档”，让大脑“喘口气”

设定一个不被打扰的时段，哪怕只有15分钟——不刷手机、不看消息、不工作、不社交，只是静坐、散步或发呆。这不是浪费时间，而是重新“连接”自己。你会发现，很多焦虑可能不是因为事没做完，而是你从很少真正回到自己身上。

调整日程节奏，让生活“呼吸”起来

过度紧凑的节奏，会让大脑始终处于高压状态。你可以这样做：

- 每工作25分钟，休息5~10分钟（番茄工作法）；
- 日程中安排缓冲时间而非连轴转；
- 给每周设一天“慢节奏日”，不安排高脑力任务。

焦虑可能更多不是任务本身带来的，而是缺少“喘息”空间的日程结构制造的。

今天的小练习

写下你的“减法清单”

今天，请你为自己写一份“减法清单”——列出你可以暂时放下、不再坚持、无须内耗的事。写的时候请记住两个原则：

- 放下不是放弃，是选择；
- 每放下一件事，就为重要的事腾出一份空间。

你可以从这些维度出发：

- 减少每日刷社交媒体时长，如30分钟；
- 减少重复查看工作邮件的频率；
- 暂时不参加无效社交聚会；
- 不再逼自己学习并不感兴趣的课程……

清单的作用，不是限制你，而是提醒你：你可以有选择权。

没人倾诉会更焦虑吗？

有一种焦虑，它不来自压力，而来自孤独。

- 你经历了一天情绪起伏，却没人可说；
- 有话憋在心里，朋友圈只能发搞笑图；
- 面对压力时，明明想倾诉，却又觉得不值得打扰别人。

你不是没有朋友，但你没有能聊的朋友；你不是不想说话，你怕说了也没人懂。慢慢地，你学会了一个人消化情绪、应对难题，却也越发焦虑不安，哪怕外表看起来很平静。这是现代人常见的一种“社交型隐形焦虑”。

 我们为什么需要倾诉？

心理学家卡尔·罗杰斯曾说：“当一个人被真正理解，他就有了自我疗愈的能力。”倾诉的意义不在于对方能不能给出答案，而在于：

- 你把情绪说出来，它就没那么沉重；
- 你听见了自己在说什么，很多混乱的想法也逐渐清晰；
- 对方的回应，哪怕只是“我懂”，也能成为一种力量。

当你讲出了焦虑，它就开始变小；当你的情绪“被接住”，你就不再一个人苦撑。倾诉，是情绪的出口，也是连接的通道。

长期不倾诉，会发生什么？

很多人以为自己不爱说话是性格使然，其实未必总是如此。长期压抑情绪，可能会产生一系列心理副作用。

内耗升级

情绪无法排出，就只能在体内循环。你会变得：

- 更容易胡思乱想；
- 对小事反应过激；
- 夜晚脑内上演“过往事件回放”。

自我否定增强

无人倾诉时，我们习惯“对自己说话”——但多数时候，这些内在对话是批评性的：

- “是不是我太玻璃心？”
- “别人都能扛，我是不是太差？”

久而久之，会加剧焦虑、抑郁等负面情绪。

社交退缩

当你习惯一个人扛，就会渐渐不再求助。这种自我屏蔽看似坚强，实则容易形成“越焦虑越孤立”的恶性循环。

想倾诉，没人懂，怎么办？

有时，我们不是不想找人倾诉，而是不知道该跟谁说，也不知道怎么说。这并不怪你。我们从小就不太被教导如何表达情绪，更别说是有界限、有层次、有回应地倾诉。你可以试试这些方法：

区分“情绪支持型”与“问题解决型”朋友

不是每个人都适合当你的情绪听众。有些朋友适合帮你分析问题、给出建议；有些人适合当共情者，默默听你说、陪着你。倾诉前，你可以明确：

- “我只是想说说，不需要你帮我解决。”
- “我现在有点乱，能不能陪我聊几句？”

这种清晰的沟通，能大大减少误解，也能保护关系。

探索“温水区间”——半公开表达

如果你还做不到直接对某人倾诉，可以从这些方式开始练习：

- 写“情绪日志”给自己看；
- 在不带身份的社区分享（如树洞、匿名平台）；
- 给朋友发一条轻描淡写的“最近有点累”。

重点不在于信息量大小，而是你开始愿意让情绪“透口气”。

建立你的心理支持网络

所谓心理支持系统，并不等于社交活跃。它更像一张由多点支撑的情绪安全网，包括：

情感支持者

那些你可以讲真心话、不需要伪装的人。他们的角色是“在场”，不是“建议”。

信息支持者

懂你某些困扰领域的人，比如导师、同事、合作伙伴。他们能提供经验、见解，帮你理清方向。

陪伴型连接者

不是深聊，但在日常生活中带给你轻松与温暖，比如：

- 每天早上打招呼的同事；
- 常一起午饭的朋友；
- 聊猫聊狗的邻居。

你不需要跟每个人深交，但每一类支持都能缓冲焦虑的重量。

如果真的“没人可说”，怎么办？

现实中，也许你正处于人际淡季：老朋友疏远、新关系未建、家人难以沟通。别急，你依然可以做点儿事：

从主动表达开始，不等他人读懂你

人际关系中等待往往是较慢的方式。你可以这样练习：

- 主动约人聊天，说：“最近有点烦，想跟你说说。”
- 在对话中说清楚你的需要，而不是“试探对方是否关心”。

表达需求，并不脆弱，而是走向成熟沟通的重要一步。

尝试参与“低门槛”社交场

不是所有社交都要从“深聊”开始。你可以：

- 报一个兴趣小班（摄影、插画、咖啡、徒步）；
- 参加一次短时的公益志愿活动；
- 加入线上交流社群，匿名参与话题讨论。

人在适度社交场中，往往更容易从独处惯性中慢慢走出来。

今天的小练习

写一封未必寄出的信

今晚，请你写一封信，写给：

- 一位你想倾诉却又犹豫的人；
- 一位你想念却未曾联系的朋友；
- 或者就写给“你自己”。

写的时候，不考虑“对方会怎么想”，也不管语句是否得体，尝试写真实的情绪。写完后你可以选择保留、寄出或销毁；选择是否让对方看到。重点在于——你开始练习让内心的声音流动出来。

第三章
心理技巧

想太多怎么办？

有些焦虑，不是外部事件造成的，而是反复思考本身就成了源头。

· 老板临时说了句“你看看这个方案还能不能改”，你心里立刻拉出一份10页的“潜台词分析报告”；

· 朋友发消息“在吗”，你脑子飞快闪过20种可能：是有事找我？还是我哪里得罪他了？

· 晚上想睡觉，脑袋却像开了灯的便利店，“过去的对话、明天的会议、未完成的目标”轮番播放。

这种“不断循环的思考”，心理学上有个名字——反刍性思维。它是一种无声的消耗。每多想一轮，不安就会叠加一层，焦虑也像滚雪球一样越来越大。当你陷入反复内耗，常常不是因为事情真的那么严重，而是思维方式让你走进了死胡同。今天，我们来学习一种调节焦虑源头的关键技巧：认知重构。

什么是认知重构？

认知重构，简单来说就是重新认识你对事情的看法。我们的情绪反应，其实并不直接来自事件本身，而是来自我们如何理解这个事件。比如：

· 朋友没有秒回消息，有人觉得“他是不是讨厌我了”，有人则想“可能他在忙”；

· 汇报时被打断，有人会瞬间怀疑自己能力，有人则理解为“对方性格急”。

同一件事，不同的思维解释，会激发完全不同的情绪走向。你越容易焦虑，越有可能在无意识中倾向片面解读现实。而认知重构，就是练习把自动化的负面解释，逐步换成更真实、更温和、更支持性的视角。

6种常见的思维陷阱

每个人的大脑都有一套自动化反应系统。它会帮你快速判断：这事是否存在风险？我能否应对？他人是否在否定我？这套系统的好处是反应快，坏处是它并不总是准确的。很多时候，焦虑就是在这些“有偏差的认知”里滋生的。以下是几种最常见的“思维陷阱”：

全或无思维（黑白思考）

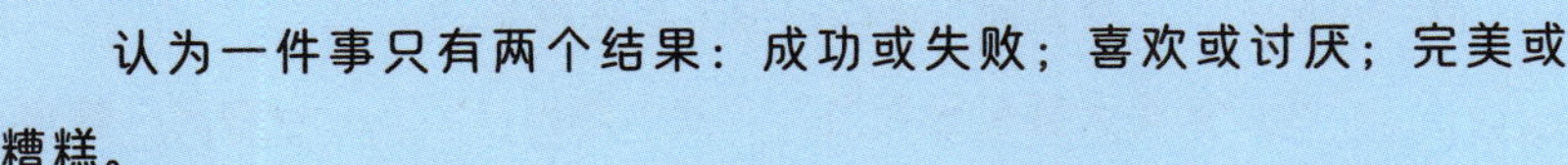

认为一件事只有两个结果：成功或失败；喜欢或讨厌；完美或糟糕。

例： PPT被提出了个小问题，你就觉得“我整份都做得一塌糊涂”。

贴标签

把一个行为直接等同于对自己整体的评价。

例：今天发言时说错一个词，就说“我真没用”。

读心术

没有证据的情况下，自以为知道别人怎么想。

例：朋友回复消息稍慢，你就开始揣测：“他是不是讨厌我了？”

情绪推理

因为“感受不好”，就判断事情一定不好。

例：今天很烦躁→“我肯定要搞砸这件事”；长期焦虑时→“我是不是病了？”

灾难化推理

一旦出现问题，马上预设最坏结局。

例：今天会议卡壳了一下，你开始想：“老板肯定对我失望了，下次项目也不会让我负责了。”

“应该”思维

用“我应该”“我必须”给自己设下高压框架。

例：“我应该每天都积极努力”“我不能出错”，一旦偏离，就自我否定。

这些思维方式，就像在心理地图上挖下的坑。你没留意时就掉进去，然后开始怀疑自己、担忧未来、累积压力。

 3步走出思维旋涡

认知重构不是“强行乐观”，而是对解释方式进行合理调整。以下是你可以练习的3步法。

第1步：觉察自动想法

焦虑时，先问自己：

- 我刚才脑海里跳出来的第一个想法是什么？
- 它真的准确吗？有没有证据支持它？

这一步的关键，是把想法当“线索”而非“真相”。

示例：“我今天状态很差，肯定表现不好”→这只是你大脑的预测，不等于现实。

第2步：审视思维证据

继续追问：

- 有什么证据支持这个想法？
- 有什么反例能证明它不完全正确？

示例：“我总是搞砸”→可列出最近几次你处理得还不错的事，给出反证。

这一步有助于你恢复判断力，打破“情绪即事实”的误区。

第3步：替换更合理的想法

最终，用一种温和、中性、支持性的语言重构你的判断。

示例：原想法“我表现不好，他们一定失望了”→替代思维“我今天状态一般，但已经尽力了，别人不能更关注整体情况而非个别细节。”

替换的目的不是骗过自己，而是给自己一个更有弹性的解释框架，避免陷入绝望。

 替换训练

有些人会说：“我知道这些道理，但做不到。”这是很正常的。思维习惯，就像走旧路。你走得越久，就越熟练，也越难转向。而认知重构的过程，就是——在大脑里重新修一条路。

一开始很难，你需要每次都停下来、觉察、替换；做久了，你的大脑开始形成新的思维路径；渐渐地，你不再自动跳进“我很差”“完了”的老剧本，而是学会更理性、更温柔地回应世界。

下面是一项可以每天练习的简单训练：

①写下你今天在焦虑中冒出的想法（哪怕看起来很幼稚）；

②判断它属于哪一种思维陷阱；

③写下它带给你的感受（如紧张、自责、愤怒）；

④最后，写一个替代想法，尽量让它更真实、更温和。

原想法	类型	情绪	替代想法
我今天讲得太差了，别人一定觉得我很糟糕	读心术+灾难化预测	自责、羞愧	也许没发挥到最佳，但我已经完成了，比回避挑战要好
我总是说错话，根本不适合社交场合	过度概括+贴标签	沮丧、自我否定	每个人都会说错话，关键在于是我愿意练习和调整

今天的小练习

写3个“思维替换句”

今晚，请你写下今天让你不安的3个念头。然后，尝试完成以下表格。不求一次就转变思维，但你正在做的，是给自己新的可能。

焦虑句	新解释	你感受到的变化

情绪失控前能察觉吗？

也许你从来没有认真写过一篇情绪日记。不是流水账，也不是简单记录“今天很烦”“心情不好”，而是带着觉察，去还原你在经历什么。情绪日记就像一面镜子，让你看见每一次情绪背后的原因；它也是一个容器，让那些你一时说不出口的情绪，有个落脚点。

很多人误以为情绪日记是文艺青年的专属。其实记录情绪更像是心理学中的“基本动作”——

- 在混乱之中，帮助你厘清头绪；
- 在崩溃之前，帮助你提前减压；
- 在自责之后，帮助你恢复理性与善意。

你不需要写得多好，但只要你愿意开始记录，你会慢慢看清自己：什么时候容易焦虑？哪些场景会反复触发不安？哪些思维方式在给你添乱？而这份清晰，就是察觉情绪的第一步。

写情绪日记的3个误区，别被绊住了

在正式开始之前，我们先澄清几个常见误区：

误区1：“我不擅长表达，写不好”

情绪日记不是文学创作，没有格式要求，也没有评分标准。哪怕你只写一句话，只要它来自你真实的感受，就是有效的。

你可以写：“我今天在公交上被人挤了一下，突然觉得委屈。”

你也可以写：“工作时被否定，虽然面上装镇定，但其实很想哭。”不要追求写得多好，而是写得多真实。

误区2：“我不知道从哪写起”

没关系，一开始你可以从具体的事件+情绪反应写起，后面自然会延伸出思考。你也可以用后面提到的“情绪四问法”，帮助自己拆解感受。

误区3：“我不敢面对那些情绪”

这很常见。我们有时习惯压下情绪，因为觉得它“不该存在”或“不够坚强”。但越是压抑，就越容易反弹。写出来，其实是给这些情绪一个出口，让它们不再在身体里反复翻涌。你不是在扩大它们，而是在慢慢接住它们。

两个维度写情绪日记

你可以用笔记本，也可以用手机备忘录，关键在于养成记录的习惯。下面是两个维度，帮你有效写出情绪日记的核心内容。

维度1：发生了什么？我当时怎么反应的？

这是基本还原。

事件：今天发生了什么事情让我不舒服？

反应：我当时身体有什么变化？心里有什么念头？有没有做出什么行为？

例子：今天部门开会时，我提了个建议被主管打断，心里立刻一紧。下意识没再说话，后面都在走神儿。散会后一直觉得是不是我说得太蠢了。

维度2：它和我过去的哪些感受有关？

这个维度更深入，是自我反思的关键。

这个情绪有没有在过去反复出现？

有没有一些“旧伤口”或“老观念”在影响我？

我现在真正需要的是什么？是被理解、被肯定、还是说“不”？

延伸写法：我发现每次被打断，我都会特别受伤。可能小时候说话常被父母否定，我渐渐习惯了闭嘴就不会出错。也许我现在需要练习的，是学会坚持表达，不论对方是否认可。

这样写，看似是“梳理”自己，但其实是在帮你一点点还原情绪背后的故事。越看见，就越不容易被它吞没。

推荐模板：情绪四问法

如果你不知道从哪开始，可以用这个简单的四问框架开始练习：

问题	示例
1.我现在是什么情绪?	紧张、委屈、烦躁……
2.是什么引发了这个情绪?	被误解、不被回应、任务太多……
3.这个情绪在告诉我什么?	我想被理解、我需要休息、我担心做不好……
4.我希望自己怎么做?	写下来、和朋友聊聊、去散个步……

这四问的目的，不是让你立刻解决情绪，而是帮你从“我不好”切换到“我正在经历什么”。你越清楚自己在哪一步被卡住，就越能找到松开的方式。

今天的小练习

写一篇情绪日记

请你找一个安静的时间，哪怕10分钟。回顾今天，写下：

- 一个让你情绪有波动的瞬间；
- 你当时的感觉和念头；
- 你想到的可能关联；
- 写完之后，你感受到了什么。

不需要完美，也不需要长。只要真实，就值得被看见。

总是消极怎么办？

有读者曾这样形容自己："我不是特别难过，但总觉得哪哪都不对劲。"日子好像一切照常，可你心里始终藏着一种说不清的低落。

- 刷到别人升职了，你第一反应是"我怎么还没动静"；
- 听到朋友去旅行，你会想"他们怎么总这么幸福"；
- 哪怕今天过得还不错，你也忍不住补一句："不过也就这样。"

这种情绪状态被称为"低度持续性消极"。它不像大哭大闹那么显眼，但却像一层阴影，悄悄影响着你的判断力、能量和心情质量。长时间处在这种状态中，很容易陷入一种内耗模式：

只看到失去，看不到拥有；
只盯着不足，忽略了努力；
习惯对自己苛刻，却吝于承认值得。

那要如何“调频”呢？不是强行快乐，也不是催眠自己“我应该满足”，而是练习用另一种视角看待正在发生的事情——感恩视角。

 感恩练习，不是鸡汤，是大脑训练

感恩，不等于盲目积极，也不是强迫自己忽视痛苦。在心理学上，感恩是一种积极心理干预法。它的作用，不在于让你否定负面情绪，而在于让你的注意力不再只盯着缺失和焦虑，而是学会看到：

- 哪些人正在支持你？
- 哪些事曾带来温暖？
- 哪些时刻其实很难得？

研究表明，经常进行感恩练习的人，大脑中与情绪调节相关的区域（比如前额叶皮层）会更活跃，焦虑水平也会显著下降。简单来说，你越是有意识地练习感恩，大脑就越容易形成积极思维的倾向。这不是一朝一夕的转变，但确实是一种可以“训练”的能力。

 练习感恩，不需要等特别的事情发生

很多人误以为：要感恩，得等到人生发生重大好事。但感恩不一定指向“幸福事件”，它更是一种对当下微小事物的领会能力。比如：

- 地铁快关门前你刚好冲上去；
- 天气很好，阳光晒在背上很暖；

- 朋友在你低落时说了一句贴心的话；
- 工作虽然辛苦，但客户的一句认可让你感到开心；
- 你今天终于喝完了一整杯水。

这些琐碎小事，一旦被我们看见、记住，并写下来，它们就成了滋养生活下去的证据。

今天的小练习

你的第一份感恩清单

今晚，请你静下来，写下三件让你心里略微松弛的事：

- 它可以很小、很细微；
- 不需要感天动地，只需要真实；
- 如果愿意，给这三件事打个分（0~10分，你感到多感谢它）；

写完后，你可以观察一下自己的感受——是不是比刚才轻了一点儿？心里是不是多了一点儿“好像也没那么糟”的想法？如果答案是“是的”，那就继续；如果没有，也可以明天再试试。

越怕越逃避，该怎么办？

我们不会无缘无故焦虑。那种一想到就心跳加速、想逃开、不敢面对的东西，通常都有个明确的名字：

- 害怕当众发言？
- 害怕提出自己的意见会被拒绝？
- 害怕和别人起冲突？
- 害怕面对成绩、反馈、失败、变化……

这些被“标签”为恐惧的事，其实不只是让你不舒服，它们会一步步让你变得越来越逃避。你开始绕着这些场合走——不参加分享，不主动争取，不表达不满，甚至不再试图成长。看起来是避免麻烦，其实是让自己越困越小。恐惧本身未必会吞噬你，逃避它的方式，往往才是让焦虑不断变大的土壤。

逃避真的让你“安全”了吗？

你可能会觉得：“我不是懒，我是真的不敢。”没错，恐惧是真的——但问题是，它通常被放大了。比如你怕在众人面前说错话，会被笑话。可事实上：

- 你真的被笑过吗？
- 那些人真的在意你讲了什么？
- 就算出错一次，你的价值就归零了吗？

多数时候，你怕的不是事情本身，而是你“想象中的结果”。这就好像你一直躲着水，以为一沾就会溺水，直到你真的迈脚下去，才发现，水可能只到脚踝，或者你学会了游泳（当然在安全的前提下去试）。

逃避的代价是，你的大脑从来得不到一次恐惧未被证实的真实验证，它只记住“我不敢，我不能，我躲开了”。而正是这个“没验证”的循环，让你永远活在对下一次焦虑的预告片中。

什么是暴露疗法？

这是一种被广泛使用的心理治疗技术，核心理念很简单：你越是逃避，恐惧就越牢固；你越是面对，恐惧往往就越松动。暴露疗法做的事情，不是直接把你“扔到恐惧里”，而是：

①找到你害怕的对象。

②拆解为多个小步骤，从最不害怕的一步开始。

③一点点练习、习惯、内化。

（注意：暴露疗法应在专业人士指导下进行）

用一句话来说，就是循序渐进地靠近恐惧，而不是硬着头皮死磕。心理学上有相当多实验证明：

· 如果你坚持时常做一点点让你紧张的事；

· 并把注意力放在“我完成了，而不是完美了”；

· 大脑可能会逐渐降低对那件事的“危险预判”，焦虑也可能会慢慢减弱。

挑战恐惧的“小步骤”练习法

以“害怕公开表达”为例，我们可以设计如下暴露阶梯：

等级	行动内容
1	对镜子说出自己今天的心情
2	在家人面前完整表达一次自己的观点
3	在同事群中发一条简单的非任务相关的消息
4	参与小组讨论，发表一次不超过30秒的发言
5	在一次非正式会议中举手发言

你可以根据自己害怕的内容，设计属于你自己的“挑战阶梯”。关键在于：

· 不要越级挑战，那很可能只会让你更想逃；

· 每完成一步都记录下来，强化你的“尝试/进展感”；

· 哪怕进展不顺利，也要记录你愿意尝试的勇气；

面对恐惧不是英雄式冲锋，而是一次次靠近的日常训练。

“面对”也可以很温柔

很多人以为，面对恐惧就得狠狠逼自己，否则就是懦弱。其实不然。真正有效的暴露练习，是温和、稳定、有边界的。就像物理治疗师不会一开始让你跑马拉松，而是先练腿部力量、站立平衡——心理训练也是如此。如果你曾在童年或成长过程中有过“被逼着做”而留下心理阴影，现在就更要慎重——

- 你可以慢；
- 你可以停；
- 你可以绕一下再回来。

重点不是完成某件事，而是告诉自己“我愿意开始靠近了”。

今天的小练习

写下你的“恐惧小清单”

请你花10分钟，写下你目前生活中让你“有点怕”的3~5件小事，按“紧张程度”排序，然后想想：

- 哪一件可以从风险度低、最可控的一步开始尝试？
- 哪件事你曾经做过一次，虽然紧张，但结果也没那么糟？
- 你愿意用哪种安全且舒适的方式，为自己准备这次“靠近”？

你可以把这个清单，贴在记事本第一页，接下来的每一周，选一件事做一次（从你以为最容易的开始）。无须着急，哪怕只是迈出第一步，你已经比昨天更愿意尝试了。

我怎么才能不讨厌自己？

你有没有过这样的感受：

· 明明做得已经不错，却只盯着没做好的那部分；

· 明明别人没有责怪你，你却在内心苛责自己；

· 明明别人一句玩笑话，你就会怀疑自己是不是“太差”“太笨”“太没用”……

每当别人夸奖你时，你第一反应是回避，是否定，是“他们只是说说”“我其实配不上”。这不是谦虚，这是长期的内在批判造成的“自我否定习惯”。在焦虑的情绪背后，有一个常被忽略的声音——“我，不够好。”而这个声音，很多人从小可能就学会了。

· 可能是因为家庭中高要求、低肯定的氛围；

· 可能是一次失败之后，被人嘲笑或批评；

· 可能是身边人经常拿你跟别人比较，让你觉得“我总是差一点儿”。

你开始不信任自己的好，不愿承认自己的努力，甚至有点“讨厌”现在的自己。焦虑在这种情绪下就像被滋养的野草，蔓延得特别快。

但亲爱的，这一切并不是你的错。你不必成为“更好的人”之后，才能值得被喜欢、被接纳。你本就是一个值得温柔对待的人。

为什么自我接纳这么难？

我们大多数人，从小习惯了“表现换评价”的方式：

- 成绩好，爸妈可能才开心；
- 听话了，老师可能才夸你；
- 做得多了，朋友才可能觉得你“够意思”。

于是你开始把价值感过度建立在他人眼光上，慢慢容易变得：只有做得好，才值得被爱。你可能对自己说：

- “我还不够努力。”
- “我哪里配拥有快乐？”
- “别犯错，别被发现我不够好。”

你想尽一切办法修正自己、压制情绪、提高标准……但越这样，你越容易陷入一个循环：越追求完美→越容易失误→越焦虑羞耻→越讨厌自己→越想更完美……

这个循环，最终可能让人疲惫、麻木、压抑，甚至逐渐失去了与自己好好相处的能力。你从来不是因为不够好才不快乐，而是你从没真正允许自己不完美地存在。

接纳自己，不等于放任自己

很多人听到自我接纳，第一反应是：“那不就‘摆烂’了吗？”但自我接纳，并不是“我什么都不改、我就这样”。它的意思是：在看到真实的自己之后，依然愿意温柔以待；在愿意改进自己的同时，不带厌恶与否定地前行。

打个比方：你看到一个小孩儿考试没考好，是用“你怎么这么粗心”去批评他，还是说“这次没考好没关系，下次努力”？

自我接纳，就是你终于愿意这样和自己说话。你不再站在审判席上对自己开火，而是坐下来，好好问一句：“你是不是很辛苦？”

自我接纳的五个实践步骤

Step1：觉察内心的批判声

很多时候，我们对自己的“打压式内心独白”是无意识的。比如：

- “我怎么又搞砸了。”
- “我太差劲儿了。”
- “真没出息。”

请你从今天开始，练习留意这些声音——你可以在心里做一个标记：“啊，这又是那个‘批评者’在说话了”。一旦你能识别它，你就不再被它完全控制。

Step2：回应它，而不是默默承受

当你听到那个批评的声音时，尝试用另一种声音回应它，比如：

- “我承认我今天状态不好，但我不是废物。”
- “我失误了，但那不代表我一无是处。”
- “我在学习，我依然有价值。”

你可以想象这句话是你对最好的朋友说的，现在说给自己听。回应，是你和自我攻击的距离感开始产生的第一步。

Step3：记录“我做得不错”的时刻

日常写下一件你今天完成得还可以的事，不管这件事有多小：

- 给自己煮了顿饭；
- 拒绝了一次不合理请求；
- 虽然焦虑，但还是完成了工作任务。

不要求完美，只要真实。让你的大脑开始习惯：你不是只有在出类拔萃时才值得被肯定，你的日常，也有价值。

Step4：与自己的“不完美”对话

试着写封信，给那个你一直觉得“不够好”的自己：

- 那个考砸时偷偷哭的你；
- 那个在镜子前嫌弃身材的你；
- 那个害怕被否定却又渴望被爱的你。

写下你曾经对自己说过的最狠的一句话，然后改写它。告诉自己，现在你想换一种方式对待她/他。这封信写完不必给别人看，只是为了你和自己的关系，重新建立桥梁。

Step5：练习“温柔地做事”

我们太习惯用“鞭子”驱赶自己——不准松懈，不准拖延，不准犯错。但你也可以试试：

- 用“照顾自己”的方式来完成任务；

· 在疲惫时允许短暂休息；

· 给自己的努力一个真诚的拥抱，而不是一顿批评。

不是放纵，是尊重。不是推着自己跑，而是牵着自己走。

你不会有哪一天突然觉醒，大喊“我终于爱自己了”。更真实的样子是：

有天你发现，即使今天状态不佳，也不再一整天都在自责；

有天你敢说“我不知道”，不再觉得羞耻；

有天你在镜子前看到自己的眼神，不再那么苛刻和疲惫；

这些，都是自我接纳悄悄发生的痕迹。你不需要完美到无懈可击，也能拥有安稳的生活；你不需要被所有人喜欢，也可以心里踏实；你不需要彻底没有焦虑，才能温柔地活着。

今天的小练习

三件事清单

请你今天完成这三个小练习：

①写下一句你今天对自己的批评（哪怕只是“真没用”）。

②给这句话一个温和的回应。

③记录一件你今天做得还不错的小事。

时常练习，你可能会看到，那个“总是苛责自己”的人，开始悄悄地改变了。

怎样才能真正放松？

· 刷着短视频时，你以为自己在放松；

· 窝在沙发上打游戏，你告诉自己“别想那么多”；

· 假期计划走马观花的旅行，被打卡、拍照、行程占满，回家后更累了。

你以为放松就是放空大脑或逃离现实，但结果是：身体依旧紧绷，心里依旧慌张。真正的放松，不是身体静止，而是身心同步“松”下来。

焦虑的人，可能常常不懂怎么放松。他们习惯了绷紧、提前预判、反复演练，一旦让他“停下来”，反而更不安。放松，并不是你做不到的事，而是你还不知道该怎么做。今天，就带你从“感受身体开始”，慢慢进入真正的放松之路。

为什么焦虑的人更难放松？

当一个人长期处于焦虑状态，大脑处于“警觉模式”：一有风吹草动，就想“怎么办”“是不是又出错了”。而这种警觉，直接影响到身体状态：

- 肌肉不自觉地绷紧（尤其是肩颈、下颌、胃部）；
- 呼吸浅而急促；
- 思维像高速运转的齿轮，停不下来。

久而久之，“紧绷”成为某种默认状态，反而对“放松”感到陌生，甚至恐惧。这就是为什么有些人在放假第一天就开始头痛、生病，或莫名情绪低落。这是身体终于有空放下武器，但内心却没跟上。所以，放松训练最重要的，不是追求“空白”或“放空”，而是重建你和身体的连接感。

 渐进性肌肉松弛法（PMR）

这是心理治疗中常用的一种身体放松技术，由美国医生Jacobson（雅各布森）在20世纪初提出。原理很简单：有意识地“先绷紧”肌肉，然后再放松它，从而让大脑学习什么是真正的“松”。操作步骤如下：

找一个安静、不受打扰的环境，坐着或躺下都可以。每一步重复三次“收紧—保持—放松”。每次收紧时保持5秒，放松时体验10秒。从脚到头，依次进行如下部位：

脚掌与小腿

收紧脚趾、绷直小腿，保持5秒→放松。

大腿与臀部

夹紧大腿、收紧臀肌，保持→放松。

腹部与腰部

收紧腹肌，想象把肚脐往内收，保持→放松。

手与前臂

握紧拳头，手臂用力，保持→放松。

肩膀与颈部

耸肩用力往耳朵方向抬→放松。

脸部肌肉

皱眉、闭眼、咬牙（注意不要用力过猛），保持→放松。

训练要点：

· 每次练习10~15分钟即可，不求一次完美，只求一点点熟悉。

· 初次练习建议跟随语音引导（可录音或使用相关APP），避免分神。

· 时常在固定时段练习，比如晚饭后或睡前，有助于身体形成“放松的习惯”。

这套练习的关键不是强迫松弛，而是通过反差，让身体真正体会放松是什么感觉。

引导式想象放松

人的大脑有一个奇妙功能：只要想象得足够真实，大脑就会产生类似现实的感受反应。你有没有发现：

- 想象恐怖画面时，身体会紧张；
- 想象摔倒的画面时，腿会一软；
- 想象恋爱甜蜜时，心会跳快一点儿。

那我们也可以反过来用正向想象来带动放松反应。同样建议在安静环境中进行，闭上眼睛，缓慢深呼吸后，跟随以下引导：

想象你来到一处熟悉又宁静的地方。

也许是一片森林，也许是海边，也许是你小时候常待的阳台……

你可以听见风吹过树叶的声音，海浪轻轻拍打沙滩的节奏。

阳光温暖地洒在皮肤上，空气中带着一丝清甜的香气。

你深深地吸一口气，感受到胸腔的扩张，然后缓慢呼出。

没有任务，没有打扰，只有你和这个世界柔软的连接。

你慢慢地坐下，靠在一棵树旁，或者沙滩椅上。

每一口呼吸，都让你更平静，每一秒停留，都让你更轻盈。

训练要点：

- 图像尽量生动，调动五感（视觉、听觉、嗅觉、触觉、味觉）；
- 可录成自己的音频，也可以找专业的放松类引导音频；
- 练习5~10分钟为宜，睡前使用效果可能尤为好。

这项练习不仅放松大脑，还能锻炼“转移注意”的能力，让你从焦虑思维中脱身。

有些人误以为，能放松的人是天生的：性格乐观、没心没肺、不焦虑。但真正的“放松力”，是一种可以练习、可以训练的“心理肌肉”。就像健身需要坚持，放松也不是一蹴而就。关键是你是否愿意为自己划出那段“放松专属时间”。从今天开始，你可以不再等待情绪“自动平静”，而是主动去练习：

- 识别身体紧张信号；
- 安排放松训练；
- 接纳当下的状态，而不逼迫改变。

放松，不是逃避生活，而是为了更好地面对生活。

今天的小练习

属于你的放松初尝试

今晚，请你选择其中一种练习。

选项1：渐进性肌肉松弛（PMR）

- 打开计时器，用5~10分钟进行完整流程；
- 注意练习后是否有肩颈轻松、呼吸变缓的感觉。

选项2：引导式想象放松

- 找一段宁静舒缓的专业引导音频；
- 睡前进行练习，观察入睡前状态的变化。

完成后，在日记中简单写下你的身体感受，比如：“练习后感觉肩膀轻了一点儿”“虽然大脑还是转，但呼吸顺了许多”等。这些变化，都是你放松力增长的迹象。

为什么总被别人影响情绪？

· 早上刚坐下，同事一句“你又迟到了”让你一整天闷闷不乐；
· 父母的一句“你怎么总是不听话”又让你忍不住翻旧账；
· 朋友圈里一个同龄人晒出幸福动态，你突然开始自我怀疑。

我们常说：“我太容易受人影响了”“是不是我太敏感了？”但真相或许是——你不是太敏感，而是界限太模糊。情绪容易被人牵动，不是性格的错，而是缺少了心理界限的保护层。当你不知道该“把哪些属于自己、哪些属于他人”时，你就像一块海绵，周围人的语气、情绪、期待，都会被你吸进去，然后把你自己的状态搞得一团糟。

今天，我们来系统认识：界限感，是情绪稳定的重要基础。

 什么是“界限”？它为何如此重要？

界限，是你与他人之间的心理“安全线”。它并不是冷漠、疏离，或者“划清界限”的对抗，而是：

- 你知道什么是自己的责任，什么不是；
- 你明白什么可以接受，什么可以拒绝；
- 你能在不攻击别人的前提下，为自己清晰表达。

举个例子：

- 当你下班后被同事频繁发信息，你能不能说“明天再聊”；
- 当亲人不断干预你的生活方式，你能不能表达“我希望自己来决定”；
- 当别人开不合时宜的玩笑，你能不能平静地说“我不觉得好笑”。

界限不是墙，它是一扇门。你可以决定，什么可以进来，什么可以选择拦在外面。缺乏界限感的人，可能很容易有以下情绪困扰：

- 情绪反应较大，对外界反应较为敏感；
- 总是担心别人怎么看，容易陷入讨好型行为模式；
- 明明已经疲惫，还难以拒绝请求；
- 经常觉得“我是不是又做错了？”

这些痛苦的背后，往往是缺少清晰的自我边界。

你可以设定哪些界限？

心理学家常将“界限”分为几个层次，每个层次都值得我们有意识地觉察和设定：

情绪界限

你对别人的情绪负责到哪一步？

健康：我能同理你的情绪，但不认为必须为它负责。

不健康：你生气、崩溃，我就感觉必须陪着你一起疯。

时间界限

你能否掌控自己的时间安排？

健康：主动安排自己休息、娱乐、独处的时间。

不健康：别人随叫随到，被打断也不敢说不。

身体界限

你是否能决定身体的接触方式与空间距离？

健康：明确告诉别人你不喜欢被突然拥抱、不喜欢打闹。

不健康：即使不舒服也强颜欢笑，不敢表达。

思想界限

你是否允许自己拥有不同的看法？

健康：即使和家人或上司意见不同，也能保有独立判断。

不健康：强迫自己附和、害怕“不同步”而隐藏自己的观点。

能力界限

你是否知道自己能承担多少？敢于说现在“不行”？

健康：评估清楚自己的能量，不随意接更多任务。

不健康：习惯性“我来吧”，最后透支自己，不懂拒绝。

当你开始认清这些界限，你会发现：有些人之所以频繁影响你情绪，有时不是因为他们太强势，而是你尚未给他们设限，或还在学习如何设定。

如何开始设定并维护界限？

Step1：识别你的界限薄弱区

你最容易在哪些场合感到被侵犯、失控？请你尝试回答以下问题：

· 有哪些场合让我常常压抑自己、不敢说出真实想法？

· 有哪些人总让我感到“难以拒绝”或“情绪被过度影响”？

· 我有没有说过：“我其实不想，但还是做了”？

这些，可能就是你“界限松动”的信号灯。

Step2：练习“温和坚定”地表达

表达界限，不是对抗，而是清晰。可以使用“三明治表达法”：肯定对方→表达感受与界限→提出建设性建议。示例：

· “我很理解你着急这个项目，但现在是我的休息时间，我明早八点会第一时间回复你。”

· “谢谢你关心我，但我希望这件事我可以自己处理。”

· “这个玩笑让我有些不舒服，我更喜欢轻松但不带人身攻击的方式。”

Step3：为自己设立“情绪边界仪表盘”

当你感觉“情绪快溢出来”的时候，停下问自己三件事：

· 我现在在回应别人，还是在回应自己的真实感受？

- 我是不是又默认了“别人高于我的需求/感受”的设定?
- 我的“不舒服”，有没有在意识到后尝试表达出来?

这三问能帮你更清晰地定位自己在关系中的“站位”。

Step4：警惕“补偿性顺从”

很多人担心：“我如果设了界限，会不会失去朋友、得罪人？”其实，真正值得的人，通常不会因为你合理维护自我而远离你。相反，你越清晰、越尊重自己，越容易吸引到互相尊重、界限明确的人。不断陷入“补偿性顺从”——即用妥协换取关系的维护，不是稳固关系的方法，而是在透支情绪的健康。

Step5：放下“无条件好人人设”

很多人走到人生中期才恍然大悟：自己不是因为太情绪化而焦虑，而是因为从不说“不”，从不表达“不舒服”，最后对人对己都心生疲惫。请记住：

- 拒绝他人不等于伤害对方；
- 设置界限不等于冷酷无情；
- 你拥有选择如何回应的方式，也有责任维护自己的内在秩序。

成长的过程，其实就是边界逐渐清晰的过程。当你开始勇敢说出“不可以”“请别这样”，你已经在走向一个更清晰、更稳固的自己。

今天的小练习

从一句界限表达开始

请你回忆：今天有没有一个时刻，你其实有点不舒服，但没说出口（或者表达不够清晰）？试着把你希望当时能表达的温和坚定的话写下来。比如：

- “我其实今天不太想说话，想一个人安静一下。”
- “我已经很疲惫了，这件事我下班后再处理好吗？”
- “谢谢你，但我不太喜欢在公众场合被开玩笑。”

写下这句话，是你边界设定意识提升的体现。你不需要咄咄逼人，也不必小心翼翼。你只需要练习坚定而平静地，向自己和他人表明：我有自己的空间，这里需要被尊重。

如何控制情绪波动？

你有没有这样的时刻：

- 话还没说出口，脸已经涨红；
- 对方只是皱了下眉，你却像被电了一下，心跳加快；
- 明知道对方没恶意，但还是忍不住顶了回去……

事后，你可能会说“我控制不住自己”，但事实上，大多数情绪的“爆炸”，并不是毫无征兆的突发，而是早已在身体里堆积、在心里演练多次的结果。它不是火山，而是一条河——你可以学会感知它的涨潮，学会提早开闸。

当情绪在身体里“先知先觉”

情绪最早的线索其实写在身体里。愤怒常常先出现在肩膀绷紧；焦虑会带来胃部发紧、指尖发冷；委屈往往先是喉头哽咽。在心理学中，这叫“情绪前语言反应”——在你意识到“我在生气”之前，身体早已发出信号。

试试下面这张“情绪身体雷达图”：

情绪	常见身体信号
焦虑	呼吸急促、胃紧、手指发凉
愤怒	手臂用力、下颌咬紧、心跳加速
委屈	喉咙哽咽、眼眶热、肩膀下沉
压抑	背部僵硬、眉头紧锁、胸口闷

建立身体感知习惯，是帮助控制情绪波动的重要一步。你可以用每天30秒的“身体扫描”作为练习起点：闭上眼，从脚到头，感受此刻身体的部位有没有紧绷、发热、发冷、发胀，给出一个词：“有点堵”“像打鼓”“像石头压着”……不要评判，只须感知。

这项训练不为解决情绪问题，而是帮助你提早觉察正在升温的情绪能量，在它还没席卷你之前，找可调节的入口。

“中断回路”比忍耐更有效

传统观念告诉我们控制情绪，其实很容易变成压抑情绪。但压抑往往带来的是迟早爆发的积怨。真正有效的调节，是通过“中断情绪回路”来为自己争取时间。以下是三个日常可用的中断策略。

三秒暂停练习

当你发现情绪在升起，做三件事：

- 停下动作（不说话、不回信息）；
- 深呼吸一次（深吸气、缓缓吐气）；
- 内心默念“现在的我是XX情绪，我暂时不回应”。

这个练习通常只有3~5秒，却往往足以阻止你说出、做出情绪化反应，为大脑重新找回理智提供空档。

替代动作法

情绪是“能量”，需要转移通道。与其生闷气，不如做点别的：

- 愤怒：去快走一圈，或握拳后慢慢放松十次。
- 忧虑：把担心写在纸上，然后折成纸团扔掉。
- 委屈：去洗个手、洗个脸，象征“洗掉情绪”。

当身体参与情绪转换，心理有时也会跟着“换频道”。

三句“情绪表达术”

情绪不能老憋着，但爆出来也容易伤人。试试这三句结构：

- “我现在有点……（情绪）”
- “是因为……（触发点）”
- “我希望……（需求/建议）”

比如：“我现在有点烦躁，是因为刚刚的语气让我感觉有些压力。我希望我们能稍微停一下再说。”表达出来，本身就是一种减压。

情绪ABC理论，帮你看清反应链

心理学家艾伯特·艾利斯提出的“ABC情绪理论”可以帮我们拆解情绪形成过程：

A（Activating Event）：诱发事件，比如“上司在会议中批评你”。

B（Belief）：信念/解释，你对这件事的解释，“他觉得我没能力”“我又搞砸了”。

C（Consequence）：情绪与行为后果，“沮丧、自责、想辞职”。

情绪的问题，往往更多在于“B”这一步。你怎么“想”，就怎么“感受”。调节建议如下。

当你感觉情绪较为强烈时，先问自己：

- “我现在在想什么？”
- “这个想法是基于事实，还是部分属于猜测？”
- “有没有别的可能解释方式？”

不是要你否认感受，而是让你学会不被第一个反应牵着走。

今天的小练习

情绪“热度计”

今天，试着用10分制（0=非常平静，10=极度强烈）记录自己一天的情绪起伏热度：

清晨醒来：____/10

上午工作：____/10

下午工作/社交：____/10

晚间休息：____/10

找出哪一个时段情绪强度最容易“升温”，你就找到了关注调节的“重要时段”。接下来几天，你可以在那段时间尝试多做一次“身体扫描”、提前安排缓冲时间、准备一杯茶或音乐当“调节小工具”——通过多次练习，很多人会发现情绪是可以学习调节的，就像肌肉一样。

创作真的能治愈焦虑吗？

焦虑，是一种持续的内耗。你可能正在经历这样的状态：

- 明明很想做点什么，但总觉得没意义；
- 有很多想法，但被“怕出错”“没时间”“做不完”堵住；
- 一坐下来就刷手机，真正的专注迟迟不能开始。

这种感觉，像是在体内装了一团能量，找不到出口，久而久之变成了焦躁、倦怠、否定和自责。而这团能量，很可能是被压抑的创造力。心理学家曾指出：创造力的停滞，可能引发情绪的紧张；而创造力的流动，有助于心理的自我修复力。你不一定是艺术家，但你拥有“想要表达、连接、生成意义”的本能。一旦它被重新唤醒，你就可能拥有了调节焦虑的内在资源。

为什么创造力可能成为“情绪调节器”？

从心理机制上看，创造行为对焦虑有可能有以下帮助：

1.让大脑从“防御模式”切换到“生成模式”

焦虑时，我们的大脑可能处于高警觉状态，频繁扫描危险、评估风险。这是“防御模式”的特征。而当我们开始创作时，注意力转向了“我要做点什么”的主动状态，大脑进入“生成模式”——你不再只在意外部威胁，而是更主动选择并控制过程。这种模式切换，有助于减轻焦虑中的无力感。

2.激活“心流”，降低自我批判

当你全神贯注于一个创作任务——写一段文字、拼一张拼图、构思一个方案——你可能暂时忘记时间和自我，这种状态被称为“心流”。处于心流时：

- 内心批评声音可能变小；
- 焦虑或可能暂时减弱；
- 大脑可能分泌内啡肽和多巴胺，提升愉悦感。

短暂的心流时光，对一些慢性焦虑人群来说，是比较宝贵的喘息时刻。

3.提供“心理投射”的安全通道

焦虑者往往有很多难以表达的情绪，比如羞耻、愤怒、孤独。创作——不论是写一段话、画一个图、做一个DIY物件——都可以成为“替身”，帮你用另一种方式，说出难以直接表达的事。这是一种低风险的释放，等于在说：“我没直接说，但我已经表达了。”表达的能量出口，就是心理的减压阀。

创造不等于艺术，重在过程

很多人一听“创作”，就退避三舍：“我又不会画画”“我写不出好文字”“我没创意”……但真正的创造力，不是结果导向，而是过程取向。它不是为了让别人满意，而是为了让你和内在建立联系。

你可以试试以下这些不要求技巧，也不需他人评价的创作式活动。只要你在“用某种方式创造”，你就已经在进行有益的自我探索。

活动名称	说明	潜在心理功能
拼图/乐高/拼豆	有起点、有过程、有完成感	建立秩序感与控制感
自制便签/手账小卡片	写下一句话，配上装饰	情绪表达
小物件改造（衣物、杯子）	改造身边之物	情绪表达、认同感建立、提供创造出口
“一句话日记”	每天写一句“真实的话”	替代情绪压抑，形成表达回路
制作歌单	根据不同情绪编一个歌单	自我共情与调节

今天的小练习

焦虑时的创作提案

当你感到焦虑升起、难以集中、情绪打结时，试试其中一个。

- 在便笺纸上写下：“我现在最想说的一句话是……”
- 拿三种颜色，画一个“今天的情绪天气”
- 用手机录一段只给自己听的“3分钟语音日记”
- 打开相册，挑出3张今天的照片，加一句“我看见了……”

不需要对谁负责，不求完美，不做解释。尝试后，很多人发现，一旦你开始“生成”，焦虑感就可能开始减少。

幽默感能缓解焦虑吗？

还记得上次你笑得喘不过气来，是因为什么吗？是搞笑视频？是群聊里的神评论？是朋友自嘲的段子？

在那一刻，你还在担心工作？纠结自己说错的话？脑补一百种糟糕结局？那时，这些担忧很可能暂时消失了。因为笑，是最天然的“打断机制”。

它像一把轻柔的梳子，把焦虑那根绷紧的弦轻轻梳理开，让我们得以从沉重中脱身——哪怕只是短短几秒。这就是幽默感的心理魔法。

焦虑和幽默：两种视角

焦虑的本质，常常是对未来的不可控感——它让人不断预测、预警、紧张。而幽默的本质，是用不一样的角度看待眼前的事，有点跳脱，有点戏谑，有点“人生就像一场玩笑”。

一个是把世界看得太严肃，一个是把世界看得轻一些。当幽默进入你的认知系统时，或许几件事会悄然发生：

重新解释事件，降低紧张程度

例子：你走神儿忘了开会发言，通常你可能自责一整天：“我怎么这么不靠谱！”但幽默的解释可以是：“也许我只是为了给大家一个‘终于有人出糗’的机会？”

不是自欺欺人，而是尝试给大脑换一个频道，可能打断负面循环。

拉近距离，获得情绪支持

当你能调侃自己的糗事，而不是逃避、掩盖，它有时能成为连接他人的“情绪缓冲带”。

“我也这样！”“你太真实了，哈哈哈！”带来的共鸣感，比任何一句“别怕”可能都更有治愈力。

从“控制”中抽身，回到“感受”本身

焦虑让你想控制一切、预判一切、应对一切。幽默让你有机会承认：有些事控制不了，不如笑一笑。这不是逃避，而是尝试放下“必须完美”的枷锁，学会允许一点儿荒诞、允许一丝人性。

幽默感是技能，可以练习

很多人说：“我又不是段子手，哪来的幽默感？”但幽默不等于搞笑，它更像是一种心理策略：允许自己看到荒谬的角度，练习从‘事中’跳出来。以下是三种可以尝试训练的幽默视角。

自嘲式幽默：温柔面对自己的尴尬

例子：

- “我社恐得像块Wi-Fi盲区，走哪都连不上人。”
- “我脑子很有条理，只是经常断电。”

关键是“自我调侃不是自我贬低”，它是在说：我承认我的不完美/小状况，但我还能笑着讲出来。

反转式幽默：换个角度看烦恼

例子：

- “这次面试挂了？说不定是我的优秀暂时吓到他们了。”
- “事情没按计划来？或许命运觉得我配得上更特别的安排。”

这种幽默不是讽刺现实，而是给情绪“松绑”，尝试从非黑即白的“焦虑框”找到出一条缝隙。

夸张式幽默：用荒诞拉低严肃感

例子：

- “我这焦虑程度，连咖啡都劝我别喝它。”
- “我今天脑子空到可以当出租仓库。”

幽默不是掩盖情绪，而是把情绪“适度晒出来”，让它或许不再压得你喘不过气。

寻找日常中的“乐趣制造机”

你不用每天讲段子，但可以主动寻找那些能让你会心一笑的“小装置”。以下是一些可实践的“日常笑源”。

乐趣来源	建议方式
喜剧影像	看一部经典喜剧电影，或短视频合集
表情包收藏	建立自己的“解压表情包库”
群聊活跃者	多和几个幽默的朋友互动
搞笑账号	精选1~2个你喜欢的轻松账号
“蠢事日记”	每天写下今天做过的最“傻”或“乌龙”的一件事
微笑挑战	主动去逗笑别人，哪怕只是客服、朋友或快递小哥

“焦虑喜欢缄默，幽默喜欢流动。”让自己笑起来，是让情绪尝试动起来的一种方式。

幽默不是逼自己开心，而是允许自己偶尔松口气。你仍然可以有困扰、有痛、有焦虑，但你或许也可以在其中发现一点点荒诞之美。

· 上班迟到了，不是末日，可以看成是“与地球转速不兼容”的幽默片段；

· 发言失误了，不是失败，可以看成是“一场别开生面的即兴表演”；

· 一个人过周末，不是孤独，可以看成是“跟自己约会的一次练习”。

今天的小练习

尝试“笑一笑”

今日可以选择一项练习尝试：

①写一句调侃自己的话，发给朋友或留在备忘录里；

②分享一个让你笑过的段子/视频/表情包给别人；

③回顾今天发生的一件事，为它写一个“吐槽式旁白”。

你不需要当搞笑艺人，但你可以学着当自己的“情绪减压官”。

第四章
生活实践

为什么一到户外就感觉舒服？

一整天窝在电脑前，脑子像打结的耳机线。

下楼扔个垃圾，风一吹，心情突然像解开了扣子——松了口气。即便什么都没做，只是走了一圈，看看天、吹吹风、晒晒太阳，整个人有时像重新开机了一样。

这不是错觉。科学和经验都在告诉我们：大自然，是人类重要是基础的“情绪复原力”来源之一。

为什么自然环境常常让人感到放松？

你可能以为“舒服”只是感官反应，但其实，大自然对我们的大脑和神经系统可能有深度影响。以下是目前研究揭示的几种主要机制。

视觉放松：绿色可能减压，开阔视野或有助降焦虑

人眼在自然环境中往往可以更舒适也聚焦远处，像山、树、云、天空。这与城市环境里密集的墙面、屏幕、广告牌带来的视觉刺激不同，自然景物可能让眼睛“更容易放松”。一些研究发现：注视绿色植物5分钟，可能有助于交感神经（负责紧张应对）的活跃程度下降。

声音平衡：自然声比沉默更安静

风吹树叶、鸟叫水声，属于“非线性重复性”声波，它们不像机械声那样刺激，却能维持一种微弱背景音。这种“白噪声效应”对部分焦虑者尤其友好，研究显示可能有助于睡眠、放松和注意力切换。

身体参与：自然环境可能鼓励身体动起来

你通常不会在电梯间慢跑，但你可能会在林荫道想慢走。在公园里，你可能会下意识深呼吸、张开手臂、坐在草地上放空——这些身体动作，本身常被视作放松策略。大自然不会评判你，不催你打卡，也不追问你“下一步打算”，它让你的身体和大脑，从高度控制状态中尝试脱身，促进“流动”状态。

城市生活可能带来的“与自然疏离”

焦虑不仅来自任务本身，有时也来自生活方式与自然的联结减弱。

- 我们用手机交流，可能少了眼神与触感；
- 我们住在钢筋混凝土的高楼里，可能远离土壤与树；
- 我们习惯了空调与屏幕，却可能越来越少被风吹、被阳光晒。

久而久之，我们的身心系统有时像缺水的植物，开始发紧、发干、失去弹性。你不是不坚强，而可能是太久没有充分接土地。

自然，人类的“疗愈空间”之一

一些心理疗愈机构开始将“自然暴露”纳入治疗流程，比如：

“森林浴”：起源于日本，指的是在林中缓慢行走、深呼吸、全感官体验；

“绿色处方”：某些国家的家庭医生，有时开出的不是药，而是一张“每周去森林或海边的建议”；

“园艺疗法”：参与种植、养护植物，研究显示可能不仅让人放松，还能增强掌控感。

自然的奇妙之处在于，它不需要你做什么，只需要你在。

可行的自然接触方式

你不需要去深山，也不必离职环游世界。日常生活里，有很多“微型自然接触”方式，适合不同节奏的人尝试。

通勤式自然接触

提前两站下车，走一段树多的小路；

换掉电梯，选择有窗的楼梯间；

找一处可以看见天空的午餐地。

周末式自然修复

公园野餐，带一本书或安静独处；

城市绿道慢跑，不听歌，听风；

去植物园，不打照，只看、闻、感受。

居家微自然

在阳台种一盆植物，哪怕只是绿萝；

打开窗，哪怕只是早晨5分钟；

放一段鸟鸣/溪流音，在写报告或冥想时播放。

大自然不挑人，它只等你来靠近一点儿。

今天的小练习

你的“自然感官记录”

今天，请你有机会走进自然（哪怕只是树下站站），并尝试以下五感记录：

- 视觉：我看到什么颜色？绿色、蓝色、光影？
- 听觉：我听到了什么声音？风、鸟、远处的笑声？
- 嗅觉：我闻到了什么？草木味、湿土味？
- 触觉：我触到了什么？树皮、长椅、自己的呼吸？
- 感受：我感受到什么？平静、温柔、被允许的感觉？

写下一句话：

“此刻，我和自然在一起的感觉是____________________。”

这句话，是你与焦虑之间的一种连线。

不会画画也能用艺术疗愈吗？

“我又不会画画，怎么谈艺术疗愈？”

如果你看到“艺术疗法”就想起画廊、素描、技巧班，那你对它的认识，可能还停留在专业艺术领域。真正的艺术疗愈，不看你画得有多像，也不考验美术基础，它更关注你是否让情绪通过创作得以表达？

当你被焦虑围困、说不出痛苦、找不到出口时，艺术创作可能是情绪较为安全的“出口通道”。哪怕只是随手涂一笔、剪一张纸、拼一幅色块，那或许都是内心在找回节奏。

艺术疗愈，如何带来“疗愈感”？

绕过理性的大脑，用非语言表达心绪

焦虑的时候，我们常常陷在语言里：

“我到底怎么了？”

“我是不是太敏感？”

“我怎么想那么多？”

但艺术不问“为什么”，它只问“你现在的感觉能画出来吗？”部分研究发现：非语言性表达（如绘画、拼贴、色彩创作）可能激活与情绪有关的脑区，帮助人尝试释放积压的情绪，可能降低焦虑感。当你画画、剪贴或涂鸦时，大脑从“分析—判断”模式，可能切换为“感知—整合”模式，这种切换有时具有情绪调节作用。

用“创作性行为”找回控制感

焦虑往往来自一种“失控”：对结果、节奏、人际的不确定感。而艺术创作——哪怕只是在白纸上自由走一支笔——都可能重建一点儿掌控力。你可以决定画面结构、用色深浅、笔触粗细。这种微小的“决定权”，是焦虑者情绪恢复的重要元素之一。

在可控范围内体验混乱，让心定下来

艺术是一个“相对可控的表达场域”。你可以先胡乱撒一片颜料，再在其中找出形状；你可以先随便剪一些纸，再组合成一张画。

在这个过程中，你或许在训练自己的“面对混乱能力”——焦虑很大程度上是对混乱的不适应。而艺术是一种安全的探索方式。

疗愈在于“表达”而非“作品”

很多人画两笔就自责“太丑了”“我一点儿审美都没有”。这恰恰暴露了焦虑者常见的思维模式：标准化期待＋自我否定。

艺术疗愈的目标是“表达感觉”，而非“画出作品”。就像写日记是为表达，不是为了发表。创作是一场与自己安静对话的过程，不需要任何观众。

·你可以画愤怒，画混乱，画没有意义的形状；

·你可以撕掉一张旧杂志，拼贴你今天的情绪风景；

·你甚至可以只选三个颜色，把它们涂满整张纸——这都是在处理情绪。

没有“基础”？这或许是优势！

以下这些艺术活动或许不需要绘画技巧，却可能带来积极的情绪释放和疗愈体验：

涂色练习

适合人群：焦虑导致注意力难以集中的人。

材料：印刷好的曼陀罗图、空白人物线稿或自由图案。

操作：用彩铅、马克笔或蜡笔慢慢填色。

疗愈点：重复动作+色彩输入+低难度，可能帮助快速进入“心流”状态。

拼贴创作

适合人群：有情绪但表达困难的人。

材料：旧杂志、彩纸、旧票据、布料、照片。

操作：剪下任何吸引你的元素，拼贴成一张“心情板”。

疗愈点：无须绘画，通过选择与组合尝试表达情绪和潜意识内容。

自由涂鸦

适合人群：脑子“炸开花”型焦虑者。

材料：黑笔+白纸即可。

操作：闭上眼在纸上画线，然后睁眼“跟着走”。

疗愈点：不需要思考，笔走心随，可以帮助大脑切换频道。

色彩情绪卡

适合人群：情绪波动频繁者。

材料：彩纸/卡纸+记号笔。

操作：每天用颜色记录今天的情绪，并写一句话。

疗愈点：可能帮助自己观察并“外化”情绪状态，减少内耗。

我的艺术疗愈空间，怎么打造？

必要条件：

- 一个相对不受打扰的小空间（哪怕是书桌一角）；
- 不用太多工具：纸+笔+剪刀+胶水即可；
- 一段独处时间：10分钟左右足够。

氛围建议：

- 可以放一段轻柔音乐，或自然声；
- 选择灯光柔和的时间段进行（如黄昏、夜晚）；
- 允许自己“画得不像”，甚至“自由表达”。

这是你给自己的一种“允许状态”，是应对焦虑很有价值的能力。

今天的小练习

描绘今天的“情绪气象”

今天，请你放下评判，尝试用线条、形状或颜色描绘你今天的“心情气象”。

- 是乌云密布，还是晴空万里？
- 是风卷残云，还是雾里看花？
- 颜色、形状、大小，跟随你的感受。

然后在角落写一句感受——不评价，只表达。

焦虑的人，常常内心过于嘈杂，却又找不到出口。而艺术，是一条可能绕过语言、直达感受的捷径。

它不要求你会表达、会画、画得好看，它只邀请你：“现在的你，愿不愿意把感觉动一动手？”

音乐能帮我平静下来吗？

你是否有过这样的时刻：

- 心情烦躁，戴上耳机让节拍盖过脑海的噪声；
- 加班到深夜，用一段轻柔的旋律抵住无声的疲惫；
- 失落时，一首老歌瞬间把你拉回某段温暖记忆；
- 焦虑难眠时，轻音乐仿佛像一双手，缓缓抚过神经……

这不是纯粹的错觉。音乐可能真的在抚慰你。它绕过理性，直抵感受，唤起潜藏的记忆和情绪，并悄然重塑你的节奏与能量。你不需要懂乐理，也不需要会演奏，音乐本身可能就是一种基本疗愈力的方式。

音乐如何影响情绪？

音乐可能先触动身体，再影响大脑

当你听到音乐时，耳朵将声音信号传送到大脑的多个区域：

- 杏仁核参与处理情绪；
- 前额叶皮层参与情绪评估与判断；
- 伏隔核可能释放多巴胺，愉悦感相关；
- 节奏和鼓点有时还能同步你的心跳与呼吸。

也就是说，音乐不是让你懂得它，而是让你的身体感受到它。它可能直接影响自主神经系统——调节你紧张或放松的状态。就像瑜伽课最后放一段深沉缓慢的背景音，配合呼吸节奏，可能让你慢慢沉下来。

音乐可能提供情绪出口，而非一味压抑

焦虑常常是一种“卡住”的状态：明明有情绪，却不知道该哭还是该说，只能闷着、忍着、绕着走。而音乐是一种非语言的情绪表达。你可以透过它“间接表达”你不知怎么说的情绪。

- 悲伤时听伤感歌，未必是更难过，有时是在被理解；
- 愤怒时听重金属，未必不是煽火，有时是在释放压抑；
- 空虚时听舒缓旋律，可能是在对自己轻轻抱一下。

音乐的“共鸣力”，不解决问题，却可能让我们不再孤独于感受本身。

什么样的音乐可能适合情绪细节？

不同的情绪阶段，或许适合不同类型的音乐。音乐不是万能良药，而是需要“尝试匹配”。以下是常见情绪与可尝试的音乐类型对应建议：

情绪状态	推荐音乐风格	潜在功能关键词
焦虑不安	自然音、轻音乐、新世纪音乐	可能降低心率，稳定情绪
情绪低落	抒情民谣、爵士、器乐旋律	陪伴与倾听，情感引导
愤怒烦躁	鼓点强烈的电子、摇滚、说唱	可能情绪释放
空虚无聊	蓝调、实验性电子、异域节奏	可能打破惯性，唤醒感知
想哭又哭不出	影视配乐、古典乐、情感浓厚曲目	可能情感引导与宣泄
想重整状态	古典交响、节奏流行、R&B（节奏布鲁斯）	稳定频率、振奋心情

注意：没有一种公认最有效的疗愈音乐，关键在于你与它之间有没有情绪连接。你喜欢的，感受对调节情绪有帮助的就是合适的。

不是所有音乐都让人放松

很多人会说：“我焦虑时也听音乐，但越听越烦。”这很可能是因为音乐选择与情绪状态不匹配。比如：

- 当你正焦躁不安，却播放节奏跳跃、情绪高亢的舞曲；
- 当你正情绪低谷，却选择空灵抽象的电子音乐，可能让人更失重；
- 你一边听歌，一边回避情绪，想用它来“盖住”感受。

音乐是需要被感受和体验的“情绪空间”。每次听音乐，请先问自己三个问题：

- 我现在的感受是什么？
- 我希望通过音乐达到怎样的状态？
- 这段音乐感觉上能帮我走向那个状态吗？

打造你的“音乐情绪工具箱”

焦虑缓解歌单推荐（仅供参考）

· Ludovico Einaudi《Nuvole Bianche》（鲁多维科·伊诺第《云卷云》）；

· Ólafur Arnalds《Near Light》（奥拉佛·阿纳尔德斯《近光》）；

· Enya《Only Time》（恩雅《唯有时光》）；

· 久石让《The Wind Forest》（《风之森林》）；

· 梁文道的“深夜谈心”配乐专辑。

潜在功能：可能稳定心率、情绪安抚、适合冥想或睡前聆听。

提振精神歌单推荐（仅供参考）

· Coldplay《Viva La Vida》（酷玩乐队《生命万岁》）；

· 林俊杰《黑夜问白天》；

· Bruno Mars《Treasure》（布鲁诺·马尔斯《珍爱》）；

· 五月天《顽固》；

· OneRepublic《Good Life》（共和时代《美好人生》）。

潜在功能：可能调动能量、唤醒行动力，适合早起或中午提神。

陪伴疗愈歌单推荐（仅供参考）

· 李宗盛《山丘》；

· 梁静茹《会呼吸的痛》；

· 陈奕迅《不要说话》；

· Adele《Someone Like You》（阿黛尔《如你》）；

· BTS《Spring Day》（防弹少年团《春日》）。

潜在功能：可能共鸣情绪、陪伴感释放，适合独处或夜深时聆听。

如果你愿意进一步尝试主动参与音乐疗愈，以下方法无须专业技能：

轻敲节奏：用指关节在桌面敲出节奏，尝试释放紧绷。

哼唱旋律：选一段旋律，闭眼跟唱，只关注声音流动。

制作情绪音频：录下一段当天的自言自语配背景音乐，变成自己的“心灵播客”。

尝试音乐APP创作：如GarageBand（库乐队）或在线节奏合成器，体验创作自己的疗愈配乐。

今天的小练习

你的音乐仪式

当你感觉焦虑时，可以尝试这个“音乐情绪照护练习”：

①闭眼聆听：选一首你喜欢的舒缓旋律，闭眼聆听3分钟左右；

②身体觉察：注意身体反应，比如呼吸变慢了、肩膀松了；

③简单纪录：在纸上或用手机写下这段音乐带来的任何感受或画面。

这可能能帮助你跳出焦虑旋涡，在节奏中尝试找回节律感和内在空间。

焦虑的人不是需要更多信息，而是需要更深的连接。音乐或许就是这条通向“内在连接”的桥。它像夜晚的灯光，不喧哗，却足够温暖。愿你在每一次不安中，都能允许旋律轻轻拥抱自己，哪怕什么都不说，也知道自己并不孤单。

看书真的能减少焦虑吗？

- 一天结束，翻看几页小说，最治愈；
- 心情烦躁，随手看几段散文，竟然慢慢静了下来；
- 一连串事情扑来，唯有图书馆或书店最让你喘口气；
- 情绪绷紧时，把自己交给一本旧书，像是靠近了一个懂你的人。

阅读，看似静止，却是一种悄无声息的“自我修复”。它让你从自己的脑内风暴中抽离开来，进入另一个空间、一段故事、一个视角。就像短暂地离开自己，重新整理。在焦虑时阅读，不只是逃避现实，更是在为内在找一方可以喘息的角落。

阅读如何对抗焦虑？

让你的大脑“换个频道”

焦虑时，大脑会陷入持续运转的“灾难预设”模式，不断预设最坏可能。而阅读会温柔地中断这个恶性循环。阅读时，大脑的注意力资源被重新分配：

- 语言处理区被激活；
- 想象系统被调动；
- 视觉皮层接收并组织图像信息；
- 情感中枢开始与故事共鸣。

这个过程能打断焦虑循环，帮你回到“当下”。换句话说，阅读是你主动按下“心理暂停键”。

让你与自己保持连接，但不被情绪压垮

有时候，我们需要一点点“抽离”。阅读不像看手机那样碎片化，也不像社交平台那样强刺激，它提供的是一种温和而连贯的体验。尤其是：

- 散文、小说中的角色让你看到自己，却又有距离感；
- 心理类、成长类的书籍，让你理解“不是只有我在焦虑”；
- 哲思或随笔文字，给你安静思考的空间。

这些，不是推销鸡汤，而是给予理解的可能。

阅读带来的五种心理疗愈力量

共鸣感：你不是一个人

“原来有人也经历过这样的心情。”阅读是“非面对面”的陪伴。你从别人的经历中，看到自己的情绪被说出了口，焦虑不再孤独。

安全感：一个不被打扰的空间

在现实中，我们经常需要回应、决策、面对。但在书里，你可以只做一个安静的阅读者，没有人催促你表达，没有人等你给答案。那是一种心理上真正的“松绑”。

整理力：让内在混乱有条理

一些心理学书、生活故事、成长记录，可以帮你用语言组织内心体验，把“混乱”翻译成“理解”，把“情绪”还原成“需要”。

想象力：离开眼前的困局

小说、诗歌、文学散文……让你暂时从现实跳脱，看见更大的世界与更广阔的可能。你意识到“我的生活不只如此”，这本身就是一种疗愈。

成就感：我不是只在原地打转

完成一本书、理解一个新概念、收获一句触动人心的话——阅读能带来安静的自我肯定。“我不是被焦虑打败的人，我还能成长。”

什么书最适合焦虑时读?

答案没有标准。但以下几类书籍，常被焦虑者选择。

温柔陪伴类

适合情绪低落时，看到他人的故事，获得温暖。推荐书目（仅供参考）：

- 《我们仨》杨绛；
- 《你当像鸟飞往你的山》塔拉·韦斯特弗。

适合状态：低落、孤独、情绪需要被理解。

心理疗愈类

适合想理解自己、疏解焦虑时读。内容通俗、有实操价值。推荐书目（仅供参考）：

- 《蛤蟆先生去看心理医生》罗伯特·戴博德；
- 《被讨厌的勇气》岸见一郎、古贺史健；
- 《焦虑的人》弗雷德里克·巴克曼。

适合状态： 焦虑明显、情绪困惑、想了解自己。

成长思考类

适合处于“想改变却焦虑”的阶段，建立方向感。推荐书目（仅供参考）：

- 《人生的智慧》叔本华；
- 《少有人走的路》M·斯科特·派克；
- 《此生未完成》于娟。

适合状态： 迷茫、怀疑自我、想寻找精神支点。

放松娱乐类

不带任务，不求意义，就是陪伴度过某个混乱的时刻。推荐书目（仅供参考）：

- 《解忧杂货店》东野圭吾；
- 《深夜食堂》安倍夜郎（图文形式）。

适合状态： 疲惫、无法专注、想“逃离”当下。

如何在焦虑中重建阅读习惯?

不求“看完”，只求“被触动”

不需要每天读一小时，也无须逼自己读完某本书。哪怕一页、一句、一个段落，只要它能触动你，就已经足够。

建立“阅读角”

为自己腾出一个阅读的小空间：靠窗的角落、床边、通勤路上（阅读时请注意安全）。让大脑习惯“在这里，我可以放松”。

避免带有强烈“功利感”的阅读

焦虑者容易把任何活动都变成“任务”。所以阅读建议避开：

- “必须读的××本书”；
- “能提升效率的××技巧书”；

· “年终必看××书单”。

而选择那些你愿意在晚上抱着入睡的书。

焦虑来袭时，我们无法马上解决所有问题，一本书能暂时带你离开内耗，哪怕只有10分钟，也是一种温柔的修复。阅读不必伟大，它可以只是你晚饭后最舒服的10页纸。不需要战胜焦虑，只需暂时躲进另一个世界，补充一点点勇气，然后再走出来。

今天的小练习

一本书的情绪共鸣卡

选一本你现在正读的书，完成以下练习：

它描述的哪一个角色或场景，让你产生共鸣？为什么？

这本书给了你哪一句“安慰”？写下来。

你愿意把这本书推荐给哪一个焦虑中的朋友？为什么？

写下这些，不是为了记住内容，而是为了确认你有被触动、被陪伴、被理解。

帮助别人能减轻自己的焦虑吗？

高远曾是个隐性焦虑者，每天工作到深夜，心里装着永远来不及完成的任务清单。

有天在回家的地铁上，他遇到一位神色慌张、衣着破旧的中年人，拎着手写牌子求助："女儿生病，急需住院费。"他起初只是本能地停了一秒，又犹豫着走过去，递了两百块钱。他没想到，这位求助者过了几天，出现在同一车站口，对他鞠躬致谢，说女儿真的住进了医院。高远第一次这么强烈地感觉："我做了一件有价值的事。"

从那之后，他开始每个月定期参与一个"街头救助计划"，帮忙发放食物、翻译资料、协助流浪者找工作。他说："我原来总觉得自己很无力，工作上努力也看不到回报。但在这些真实的帮助中，我体验到一种掌控感——我能真的改变点什么。我的焦虑，好像被冲淡了，我不再一直关注我还差什么，而是开始多想我能做什么。"

帮助别人，为什么能缓解内心的紧张？

你或许会觉得奇怪，明明自己已经焦头烂额、精疲力尽，怎么还有心情去帮助别人？这不是额外负担吗？但现实中，许多人在助人的过程中发现了意想不到的变化：

- 不再那么沉溺于自己的困境；
- 情绪渐渐稳定，不再反复纠结；
- 晚上睡得更踏实，心中多了一份沉稳。

志愿服务本质上是一种有方向、有连接、有意义的行动。它把我们从只顾内耗中拉出来，让我们重新对生活产生能动感。

志愿服务带来的三重“生活转向”

从“内缩”到“外拓”

焦虑的人常被困在“自我回路”中，思维像绕不出去的圆圈。志愿服务像打开一扇窗，让你看到：

别人也有难处；
世界并不全是功利的竞争；
还有一些关系，是温暖而真诚的。
这份向外的视角，会不动声色地平衡你原本的焦虑重心。

从“无力”到“有用”

焦虑感很多时候来源于无力感：我做什么都没用，我的人生像被挂起。但当你真正帮上一个人时——哪怕只是一袋米、一个微笑、一次陪伴——你会重新找到“被赋能”的体验。比如：

- 为独居老人送餐；
- 在图书角整理书籍；
- 陪孩子玩30分钟拼图；
- 给流浪动物提供清洁笼舍的帮助。

这些微小的“被需要”，能打破“我无能为力”的自我定义。

从“急促”到“安稳”

志愿服务中的时间感，与日常工作生活不同。没有KPI，没有督促，更少指责与竞赛。你不需要快速反应、争抢绩效，只需要静静地陪、稳稳地做。

- 焦虑的节奏常常是：快、紧、乱。
- 而志愿的节奏往往是：慢、静、稳。

在这个节奏里，你有机会修复自己的呼吸，稳定内在节拍。

想试试，但怕坚持不下去

很多人对志愿服务心向往之，却也有顾虑：

- “我时间不固定，怕帮不上忙。”
- “我怕自己太情绪化，没办法面对别人的困境。”
- “我不擅长社交，不知道怎么开口。”

这些担忧，完全可以被尊重——也可以被化解。因为志愿服务的形式很多元，总有一款适合你。

如果你喜欢静态、规律性的任务

- 社区图书管理员；
- 残障儿童绘本录音志愿者；
- 室内心理热线接听员（须培训）。

如果你擅长与人沟通，喜欢面对面互动

- 陪伴康复期病人谈话；
- 老年人“银发助聊”服务；
- 外来务工家庭孩子辅导。

如果你工作忙、时间不固定

- 偶发性志愿服务（节假日组织、一次性活动）；
- 线上协助（校对文件、远程视频陪伴）；
- 灵活参与的社区公益众筹、捐物服务。

如果你热爱动物

- 流浪动物救助中心的清洁志愿者；
- 临时寄养志愿者（须评估自身条件）；
- 宠物领养登记协助员。

不必一开始就承担太多，可以从“1小时”开始，从“一次参与”开始。重要的不是做多少，而是你愿意出发。

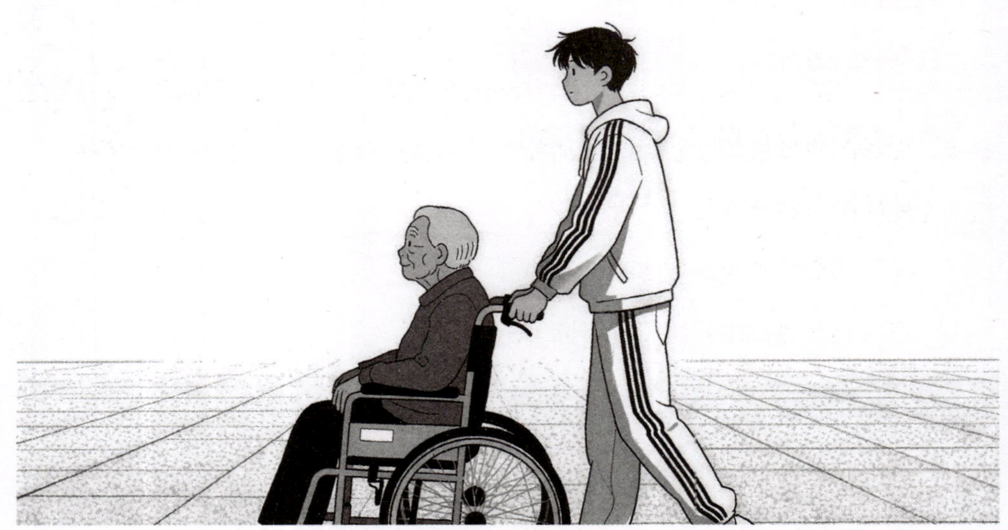

志愿服务的三条“不后悔”建议

选择你真心认可的方向

不要为了打卡、拍照、发朋友圈而参与公益，也别勉强自己做违心的服务。你可以问自己：

- 哪些群体的处境，会让我有共鸣？
- 我希望我的行动带来什么改变？

选择贴近内心的服务方向，才能真正获得那份“心安”。

不比较，不内耗

志愿服务不是比拼谁更辛苦、谁做得多。你不是救世主，也无须扛起一切。即便只是陪伴一个小时，只是认真洗干净一只饭盒，只是给老奶奶擦窗户，也很重要。每一个小小的努力，都是你给这个世界的温柔提醒。

不对结果执念，对过程真诚

有时，你的陪伴未必能让受助者立刻改变现状。你教的孩子成绩可能没明显进步，你送的物资被短暂使用。但请相信，你做的事情，不是为“立竿见影”，而是在播一颗可能改变生活的种子。

今天的小练习

列出你能参与的三种志愿行动

请你在纸上写下：

你最想帮助的一个群体（儿童/老人/动物/疾病患者等）

你能给出的每周时间（比如：每周1小时，每月2次）

搜索本地或线上相关组织，并记录下三种可以尝试的服务

如果你愿意，就报名一次试试看。

许多焦虑的人，一直想寻找 “谁来帮我”“谁来理解我”。而在志愿服务中，很多人会突然意识到，原来你也可以成为那个提供帮助的人。当你把注意力从“我焦虑，我很糟糕”，转向“我在做一些让生活更好的事”，你可能会发现，自己开始变得温柔而有力量。

养宠物真的有疗愈力吗？

那年冬天，林晗的生活几乎陷入低谷。工作调岗、感情失衡、母亲手术，三件事在一个月内接连发生。她每天像挂着面具去上班，回到家只想瘫在床上，沉默、发呆、不想动，哪怕洗澡、吃饭也要强迫自己才能完成。

那只猫，是她在楼下垃圾桶边捡到的。毛色凌乱、瘦得皮包骨，眼神却异常坚定地盯着她。她鬼使神差地蹲下身，对它说："你也没家吗？"就这样，它被抱回了她的出租屋。林晗没想到，这个不速之客后来成了她生活的光：

- 她开始按时起床喂猫；
- 给它取名、洗澡、拍照；
- 逛宠物论坛、研究猫粮、改造阳台小窝。

那只猫从她的"待拯救对象"变成了"陪伴者"，在夜深人静的时候，跳上她膝盖，轻轻呼噜。林晗后来对朋友说："我以为是我救了它，其实，是它拉了我一把。"

 宠物是怎样缓解人类焦虑的？

你可能听说过“动物疗法”，但它绝不只是看着猫猫狗狗可爱这么简单。从科学角度，宠物对焦虑的缓解，涉及以下几个维度：

稳定情绪激素

研究发现，与宠物互动时，人类体内会释放出：

- 催产素（与亲密感相关的激素）：让人感到信任与连结；
- 血清素和多巴胺：与愉悦、平静、自我价值感密切相关；
- 同时还能抑制皮质醇（压力激素）的分泌。

也就是说，抚摸宠物、与其对视、聆听呼噜声，本质上就像给神经系统进行了一项自然的调节。

打破“孤独循环”

焦虑的一个常见伴随状态是孤独感。宠物不需要你解释什么，也不评判你。它只是在那里，靠近你、依赖你、回应你。这种沉默但不空洞的陪伴，是很多人情绪低谷时，最柔软的慰藉。尤其对独居青年来说，宠物常常是回家后唯一的等待。

重新建立规律与生活感

养宠物的人通常会自然形成一套节奏：

- 准时喂食；
- 清理猫砂/遛狗；
- 每日互动时间。

这些看似琐碎的安排，却构成了日常感的骨架，帮助焦虑者拉回生活的触

感。当一个人开始对另一个生命负责，也常常会激活照顾自己的本能。

如何与宠物建立情感链接？

人与宠物之间的感情，不是靠“买买买”堆出来的，而是在一点一滴中自然建立。以下几点建议，有助于你与宠物真正“交心”：

注重仪式化互动

- 每天固定时间陪它玩一会儿；
- 睡前给它梳毛、说说话；
- 给它准备专属玩具或食盆。

这些日复一日的小事，会成为它记住你的方式，也强化了你对它的归属感。

观察它的“非语言表达”

- 它发出什么叫声？是在呼唤你、抗议还是撒娇？
- 它舔你、蹭你、露肚子是在表达什么？
- 它生气、不舒服时有哪些表现？
- 了解这些，是通往“情感共鸣”的桥梁。

别把宠物当“情绪工具”

它们不是用来帮你开心的物件，也会疲惫、焦躁、委屈。有时，它们静静躺在那儿，也是一种陪伴；别把治愈任务强加在它们身上。当你真正尊重一个小生命，它就会用一生来回应你。

如果不能养宠，也能感受它们的爱

不是每个人都适合长期养宠物，但你仍然可以从它们身上获得温暖。以下是几种低门槛与宠物互动的方式。

宠物咖啡馆：坐下、点一杯拿铁，看猫狗在你脚边打滚，就能放松不少。

临时领养/短期寄养：不少公益组织有“假期代养”或“陪护志愿者”招募，不涉及终身负责压力，但能获得互动感。

每周一次动物收容所志愿服务：帮忙清洁、陪伴，能在服务中感受到自己对世界有用。

观看宠物内容视频：关注有爱宠视频或博主账号，哪怕只是看看视频，也能刺激产生积极的情绪反应。

如果你曾有过一只宠物，你就知道，动物不会说话，却能用最直接的方式告诉我们：无条件的爱，不吵不闹、不设防备，常常在你身边。当人类世界太复杂，或许你可以在它们身上，找回最简单的那一份信任。

今天的小练习

记录宠物疗愈体验的五感日记

今天，请你尝试用“五感”记录一次与动物的温柔相处，不论是自家的宠物、朋友家的猫狗、楼下小区里的流浪猫，甚至只是一次短暂的“云吸宠”。

手机焦虑怎么解决？

本来只想打开手机查个天气，结果一条推送吸引了目光，点开之后跳出短视频推荐，手指没停几下，已经过去了40分钟。合上手机，心里反而更烦躁了：

- 该干的正事还没开始；
- 看到一堆“别人好优秀”的动态，更怀疑自己；
- 刚放下手机，又忍不住想看看有没有新消息。

手机成瘾是今天焦虑感居高不下的隐藏推手之一。越刷越焦虑，越焦虑越想刷，成了现代人常见的自我消耗闭环。

信息爆炸，情绪塌方

手机本身没有恶意，问题出在我们正被无节制的信息拖着走，身体静止了，心却从未真正休息。数字设备对心理的四大隐性影响：

持续中断注意力，降低思维力

频繁刷短视频、跳转平台、消息提示音不断，会削弱我们集中注意力的能力。长期下来，大脑对“专注”变得越来越不适应。

可能形成“错过焦虑”

- “别人都知道，我没看到就落伍了。”
- “他回我慢了，是不是生气了？”

这种对消息、动态的执念，让人时刻紧绷在怕被抛下的焦虑里。

情绪被算法操控

你看到的内容不完全是选择的结果，而是平台投喂的结果。你的情绪被点击量和热搜驱动，不知不觉忽略了自己的节奏。

睡眠质量可能下降

睡前刷手机易导致大脑兴奋、延迟入睡、浅睡甚至梦多。久而久之，焦虑更易积压，身心无法恢复。

数字焦虑的背后

我们对手机的依赖，不仅是娱乐，更是一种社会存在感的延伸：

- 刷存在感（发动态、点赞、评论）；
- 确保自己“没被落下”（看群消息、热搜）；
- 填补空虚（碎片时间刷一刷）；
- 逃避现实压力（沉浸虚拟世界、短暂麻醉）。

但这种“永远在线”的状态，让我们慢慢丧失了真实存在感、掌控感、安静感。你并不一定非得远离手机才能放松，而是要学会在连接中断开，在拥挤中腾出自我空间。

开启“数字排毒计划”

数字排毒，不是完全断网，也不是退群删号，而是有意识地恢复对信息摄入的主控权。

设定数字边界

- 每天固定两段“无手机时间”（如睡前1小时）；
- 吃饭、走路、排队时不刷手机，训练“大脑空窗”；
- 为不同应用设置使用时限，超过自动提醒；
- 将社交应用图标调至第二屏，减少无意识点开。

让“通知”变少，让安静变多

- 关闭除必要事项以外的大多数应用通知；
- 将手机调至“专注模式”或“勿扰模式”；
- 使用“专注应用”辅助计时，帮你集中工作与休息。

信息减肥，从清理开始

- 取消订阅不必要的公众号/推送/通知邮件；
- 清理群聊与社交关系（特别是只潜水的、不再互动的）；
- 给“无效输入”设限，如控制每天浏览热点或视频的时间上限。

用真实生活代替碎片娱乐

- 拿起纸质书，感受不发光的文字；
- 外出散步时不带手机，只带自己；
- 与人面对面地聊一次天，而非隔着屏幕；

你会发现，专注、清净、松弛，原来就在脱离屏幕之后。

数字排毒不是一时冲动，而是一次慢慢恢复心灵边界感的练习。你依然可以使用手机，但不再用它来对抗空虚，而是让空虚自然流过。你依然可以接收信息，但不再让信息决定你的焦虑节奏，而是有选择地拥抱必要内容。当你学会切断无意义的信息索取，你会感觉到：世界没那么吵了，焦虑也没有原来那么黏人了。

今天的小练习

我的“无手机计划”

今天，请你尝试以下两个“数字减负”行动，并记录感受：

1.设置1小时“手机静音+远离”时间

- 可以放在午休时段、下班回家后的晚饭前，或睡前。
- 把手机放远一点儿，甚至关进抽屉。
- 用这1小时完成一件小事：读书、做手工、画画、散步。

2.清理3个“焦虑来源应用”

- 哪些APP你一刷就停不下来，但每次刷完都很空虚或焦虑？
- 把它们的快捷方式移除，或设置每日使用上限。
- 如果实在不舍得删，就做一个7天暂时关闭挑战。

环境会影响我的情绪吗？

为什么一进门就烦躁？

下班回到家，鞋一脱，包一丢，瘫倒在沙发上。手机刷了一会儿，心情非但没好，反而更闷了。你以为是工作太累，其实还有一个常被忽视的“情绪杀手”——你的家。环顾四周：

- 桌面上摊着几天没收拾的快递盒；
- 洗手间堆着昨天没洗的衣服；
- 灯光昏黄，角落里堆着乱七八糟的小物件；
- 沙发垫凹陷，让人坐也不舒服，躺也不安稳……

有些家让人进门即放松，有些家却让人越待越烦——这便是环境对心理的真实影响。心理学上有个概念叫“环境负担”，指的是周围空间的杂乱、昏暗、嘈杂、无序，会无形中加重心理压力，让人更容易烦躁、分心、焦虑。

当你生活在一个凌乱或压抑的环境中：

· 你可能更难进入专注状态，因为眼前的混乱会不断刺激大脑；

· 你更容易觉得疲惫，即使什么都没做；

· 你更容易忽视自己的感受，因为外部“太嘈杂”，内心的声音难以被听见。

一个温柔的家，是情绪的避风港

与其说我们需要一个大房子，不如说我们更需要一个能让人放松的空间。那种放松不是面积换来的，是感觉被接住、被包裹、被允许做自己的状态。环境可以是焦虑的放大器，也可以是宁静的调节器。一个舒适的空间，不需要豪华布置，也不必仿照装修图册，它只需要满足以下三个关键词。

可控性

在一个你能掌控的小环境中，人会获得心理掌控感——这是焦虑中最缺乏的东西。

· 东西在哪里、怎么放，是你说了算；

· 什么风格、什么色调，是你定的节奏；

· 清扫与摆放，变成一种“修复秩序”的过程。

掌控空间，是对抗混乱感的第一步。

松弛感

一个空间是否松弛，不仅看它多静，更看它是否支持自然的生活节奏。

· 灯光柔和、有层次；

- 视觉干净不过度装饰；
- 留出空白区域，容纳情绪的停留。

让空间不拥挤、不过满，是留给自己的一种呼吸方式。

个性化

让自己喜欢的东西包围自己：

- 喜欢的书，摊在床边；
- 一张海边照片，贴在冰箱门上；
- 那张从小睡到大的毯子，依然铺在沙发上。

每一个“属于你”的细节，都是在悄悄提醒你：你在这里，不需要伪装。

打造宁静空间的7个小贴士

一日一角落：桌面最先开始

选择一个区域（书桌、餐桌、床头柜），每天只收拾一个角落。不要一口气全部清空，节奏慢，感受变化更持久。

减少“视觉污染”：眼睛舒服，心才松

把常用的、好看的东西放在外面，其余归类收纳，尤其是包装花哨的瓶瓶罐罐、电线杂物等。你看见得越少，心里可能越不乱。

灯光调整：柔和更助放松

尝试暖色调小夜灯，或在晚上只用一盏台灯。灯光减少，情绪也慢慢安静下来。

引入自然元素

摆一盆绿植，挂一幅山水画，放一个小石头或干花瓶。自然的色彩与材质，会唤起身体的舒缓感。

设计一个“独处角落”

不一定大，一张靠背椅+一个落地灯+一个放书或茶的小几，就能成为你的情绪加油站。

定期更换“家中视角”

试着挪动一下摆设，比如书架从东墙移到南窗，换一张桌布，挂一幅画。哪怕只是角度改变，也会让空间感焕然一新。

营造声音氛围

白噪声、自然雨声、小夜曲，都是“听觉冥想”。有时候，低音量的背景音，是最温柔的陪伴。

我们习惯从大脑找问题，却常常忽略身体和环境给出的信号。有时候你并不是真的那么脆弱，只是你身处的空间太刺眼、太嘈杂、太混乱，让你无法好好对自己说话。把家收拾好，不是为了他人观感，而是为了让自己有地方松一口气。一个温柔的角落，就是一剂无声的安抚。

今天的小练习

给自己一场“空间整理”

整理一个你每天看到却总忽视的角落。

- 比如玄关、桌面一角、床尾堆放区。
- 清理杂物，分类放置，用收纳盒统一风格。

用一句话记录你的空间感受。

- “当我坐下来看这个角落时，我感觉_____。”
- “我发现原来_____也可以影响我的心情。”

换个地方能换个心情吗？

在熟悉的城市日复一日，每天都是“起床—通勤—工作—刷手机—入睡”的循环。日子不糟，但说不上好，一种说不清的烦躁感悄悄堆积着。

可当你踏出城市、登上一座山、走在陌生街道、吹着不同方向的风时，突然间，那些心头的紧绷感松动了。你甚至会想：“我那点烦恼，好像也没那么严重。”

这不是幻觉，是旅行可能正在带你重启身心系统。

为什么旅行可能缓解焦虑？

我们常说“换个环境，换个心情”，这不仅是心理暗示，更是心理学和神经科学中被反复验证的事实。

中断“焦虑回路”

焦虑最常见的特征之一，是陷入“过度思虑”的循环。明明没发生什么大事，脑子却停不下来，反复想“怎么办？会不会……是不是……”

旅行本身就是一次节奏的打断，让你脱离原有环境中的“焦虑触发器”，如会议通知、手机提醒、上下班高峰、熟悉的压力场等。这就像拔掉一台过热电脑的电源，给它冷静重启的机会。

提升多巴胺，唤醒愉悦感

研究发现，当你接触新奇环境时，大脑可能会释放多巴胺和内啡肽等神经传导物质，这些化学物质与“快乐、好奇、探索”相关。

你不必去马尔代夫，哪怕只是第一次走进一个陌生城市的小巷、吃一家没试过的早餐店，你的大脑就已经在“更新”情绪地图了。

让身体回归“感受状态”

焦虑时的你，是不是仿佛只靠脑子活着？旅行时的你，会重新启动“身体感受”模式：

- 阳光洒在皮肤上，风吹乱你的头发；
- 呼吸变慢，脚步轻盈；
- 减少分析情绪，更多体验存在。

在行走中，身体走在前面，情绪才会跟上。

如果无法远行，也别放弃“离开”的权利

很多人说：“我焦虑是因为我穷，没时间没钱旅行。”其实，真正的心灵放飞，是一种从固化日常中短暂抽身的能力。你可以这么做：

- 去隔壁城市的老街转转，走一条你从没走过的路线；
- 周末去城市边缘的小镇喝杯咖啡，不拍照，不发朋友圈；

· 即使在同一座城市，也可以住一晚陌生酒店，切换一下角色。

旅行不为逃避，是为更好地回来。

如何规划一场疗愈旅行？

Step1：明确目的——不是玩，是“整理”

这次出行，不是为了凑热闹、打卡，更不是拼体力。它的任务，是给你一个沉静空间，与自己独处，与世界连接。

Step2：选择轻松、低期待的地点

无须计划太多景点，也无须长途奔波，反而应该去到：

· 节奏慢的地方（海边、小镇、林间民宿）；

· 空气好、绿植多、人少的环境；

· 有文化温度的场所，如书店、博物馆、展览、小剧场。

期待目标：让你感觉“人活着有时可以不光是为了赶路”。

Step3：留白时间，不用填满每一刻

不建议排满行程，发呆、闲走、独处反而是最有效的部分。可以做的事：

· 每天留出2小时自由时间，完全不设定目标；

· 带上一本纸质书，把手机收起来；

· 听一段旅行地的当地广播或方言音乐，放空自己。

Step4：记录而非发布

建议用纸笔、拍立得、相册、录音等私密方式记录感受，减少发朋友圈、淡化打卡目的。让这次旅程真正属于你，而不是社交平台。

焦虑的人，往往不允许自己抽离，会有愧疚感：“我还有那么多事没做，怎么能去玩？”但其实，正因为你焦虑，才更值得给自己一个暂时退出的机会。心放出去，生活才会回来。

今天的小练习

规划一场属于你的“心灵之旅”

不论你是否真的要启程，请你今天坐下来，为自己设计一场“疗愈旅行计划”，哪怕只是假设。请写下：

- 我希望在哪片风景下醒来？（山林、海边、古镇？）
- 我希望那几天不做什么？（不加班、不社交、不刷手机？）
- 我想做什么让我舒服的事？（读一本书、画画、独处、发呆？）

然后给这趟旅行起一个温柔的名字，比如：

- “暂停键计划”；
- “把我还给我”；
- “没有日程的日子”。

怎么找到生活中的小幸福？

早上起床，赶地铁、喝速溶咖啡、处理十几个未读消息……

一天结束后，累瘫在床，却说不出今天到底发生了什么值得开心的事。不是没有幸福，而是你已经看不见幸福了。在现代生活的快节奏中，我们的大脑越来越擅长扫描问题、预测风险，却逐渐失去了对好事的敏感度。

心理学上有个概念叫“负面偏好”，它指的是人类天生更容易注意、记住负面信息。这种本能让我们在远古时代躲避危险，却也让我们在安全的生活里，习惯性地忽略幸福。幸福，其实就在身边，只是需要你重新训练眼睛。

什么是幸福力？

幸福力并非指拥有多少财富或成功，而是人感知、发现并储存幸福的能力。拥有幸福力的人，即使在不轻松的生活里，也能发现温柔角落。它包含三种能力。

捕捉感知力：你是否能在生活中发现那些美好细节？

情绪记忆力：你是否能记得这些细节带来的好感？

表达分享力：你是否愿意说出来、写下来、传递出去？

 小确幸，是最真实的疗愈力

“小确幸”一词来自村上春树，意为微小但确实的幸福。比如：

- 吃到刚出炉的蛋挞；
- 坐地铁时，正好有个空位；
- 收到朋友的一句“你今天状态真好”；
- 雨停时，看到水面泛起的光。

这些事听起来不起眼，却能在焦虑弥漫的生活中，像小灯泡一样，点亮内心的角落。如果每天记录三件让你感到愉快的小事，持续两周，可能显著提升幸福感指数，并减缓焦虑。这不是鸡汤，是你可以尝试体验的心理现实。

幸福力的练习，从觉察开始

慢下来，用感官接收信息

焦虑的时候，我们往往“只用脑子活着”。而幸福，是需要身体的参与。试试这样做：

用心喝一杯热茶，感受它的香气、温度；

仔细听窗外的风声或鸟叫，不带目的地倾听；

在洗澡时，用指尖感受水流，不再思考下一步。

这些“无用”的时刻，其实是让你和当下重新接通。

用“感谢感知法”捕捉幸福

每天用“今天我感谢……因为……”开头，写出三件事，例如：

- 今天我感谢早上那位让座的陌生人，因为我真的太累了；
- 今天我感谢窗外阳光太美了，因为让我在会议前心情放松了；
- 今天我感谢自己坚持跑步，因为我为自己做了点好事。

写下这些不是为了感动自己，而是为了提醒自己：我拥有的，比想象中要多。

和人分享，不是炫耀，而是连接

幸福感可以被“说出口”放大。

- 可以拍一张让你开心的小景色，分享给朋友，而不是发给点赞；
- 可以对家人说一句“今天挺好的”，哪怕只是因为饭好吃；
- 可以在纸上写下对某人的一句感谢，然后发过去或默念。

幸福感的持续不仅靠拥有，更靠流动。流动起来，才更有活力。

今天的小练习

开启“幸福捕手计划”

今天，请你在笔记本、便签、手机备忘录里，写下今天的三件“小确幸”，标准是：

它最好发生在今天；

它让你有一瞬间觉得“还不错”；

它不需要很大，但尽量具体。

第五章
持续成长

我的改变从哪开始看见？

“我感觉还是那个我啊，焦虑、脆弱、敏感，都没变。”你或许会这么想。但请慢慢翻看前面30天的页面，再翻看你写下的那些“今日练习”“心情日记”…… 你会发现：

- 有些习惯，你已经开始改变；
- 有些情绪，你已经能看见；
- 有些时刻，你已经学会放过自己。

成长，不一定大张旗鼓。它往往是悄悄的，是从你以为没什么的小地方开始的。

成长，从看见自己开始

回顾这30天，我们一起练过呼吸、练过冥想、调整过饮食、挑战过社交、试过情绪日记，也记录了幸福……你经历过的，可能包括：

- 某个晚上，睡前你没再刷手机，而是关灯深呼吸；
- 某个会议前，你尝试告诉自己“我准备得够好了”；
- 某次对话中，你终于没有硬撑，而是说出“我需要帮忙”。

这些看似微不足道的片刻，就是你重新和自己相遇的开始。

请回答这10个复盘问题

准备好一支笔，或者打开备忘录，诚实写下你的答案。

①这30天里，我印象最深刻的是哪一节？为什么？

②我曾在哪一刻，真正感到情绪被理解了？

③有哪些练习，我尝试过并愿意继续做下去？

④我有没有改变过自己的生活节奏？在哪方面？

⑤我的睡眠、饮食、社交，有没有发生微小变化？

⑥我最近一次情绪失控是什么时候？有没有比以前恢复得快？

⑦我有没有开始表达自己、拒绝他人、设立界限？

⑧有没有一个人（哪怕是自己）说过我“最近不太一样了”？

⑨我最想感谢哪一个过去的自己？他/她帮我走过了什么？

⑩如果焦虑再来，我会用哪一种方式面对它？

别着急交卷，哪怕你只能回答3个问题，也没关系。复盘不是为了找出你哪里还没做好，而是提醒你：你已经在努力。

成长不是终点，是持续前行的能力

很多人以为，成长是那种从此不再焦虑、永远自信满满的状态。但真实的成长，其实是：

· 焦虑来时，我知道该怎么做；

· 心情低落时，我不会再无助到自责；

· 面对压力，我更能区分什么重要，什么可以放下；

· 我不再执着于成为所谓“更好”的人，而是愿意成为更真实的自己。

这才是长久的安定：并非风平浪静，而是波涛中你愿意掌舵撑船前行的力量。

开始写个人成长日记

从今天起，你可以准备一个成长记录本，记录属于你自己的旅程，为自己点亮一盏灯。你可以每天写一篇，结构如下。

个人成长日记模板

每天一页，不为完美，只为真实。请用你最舒服的方式记录，手写、打字、绘图、贴照片……都可以。

今日一句话情绪总结：

____

今天我为自己做了什么？

____

____

今天我感受到的一个微小幸福：

____

____

我想对自己说的一句话：

____

今日关键词：______________________________

记录本身就是一种自我疗愈。

三天后再回来看，会发现自己其实一直在往前走。

今天的小练习

给30天前的自己写一封信

写信人：你自己

收信人：30天前刚翻开这本书的你

请在信中回答这三个问题：

- 这30天里，我最想对你说的一句话是什么？
- 你是如何坚持下来的？
- 如果有下一阶段，我希望我们一起完成什么？

走到此刻，你已经比30天前那个对焦虑时常无计可施、夜夜失眠、容易自我否定的你，有了一些不同：

- 你开始认识它；
- 你开始学习和它对话；
- 你也在积累应对它的方法和资源。

这30天，不是终点，而是一个重新认识自己的开始。

如何不再反复焦虑？

30天之后，焦虑真的会彻底消失吗？

答案是：不会。

焦虑，是生活中再正常不过的情绪。它提醒你注意风险、帮助你提高效率、驱动你做出改变。真正的目标不是消灭焦虑，而是建立一套长期有效的情绪调节系统，让你在面对生活的波动时，更能稳住自己，不易被情绪完全带走。

焦虑回潮的3种常见时刻

就像减肥过程可能出现反复一样，焦虑也可能在以下情况中重新浮现。

情绪管理松懈时

你开始晚睡熬夜、饮食失控、不再记录情绪、不运动……生活节奏失衡后，焦虑可能更容易乘虚而入。

遇到突发重大变动时

换工作、感情变动、亲人健康问题……新的不确定感，可能打破你原有的情绪平衡。

过于自我要求时

你可能一边焦虑，一边对自己说："我明明已经练了30天，怎么还会不安？"这容易产生二次焦虑——对焦虑本身的焦虑。

所以，长期与焦虑相处的关键不在于强度，而在于稳定性。你要学的，是如何把30天的练习，更自然地融入。

建立属于你的长期情绪调节系统

以下是一套可持续执行的个人情绪调节计划，分为三层结构。

第1层：情绪维护的"日常微习惯"（每日）

这些是你可以融入日常的"小动作"，不花时间，也无须仪式感，却能有助于稳定情绪：

- 起床后不立刻刷手机（给自己10分钟的清醒时间）；
- 每日一次深呼吸或冥想3分钟（哪怕在公交上）；
- 记录一件小确幸（拍照、手写、语音都可以）；
- 睡前关灯前说一句感谢语（哪怕只是"谢谢自己今天撑下来了"）。

这一层的目标是：尝试让情绪管理像刷牙一样，成为"心理日常保养"。

第2层：自我修复的"周计划"（每周）

这部分是你在一周中抽时间完成的深度调节项目：

- 一次远离手机的午后或晚上（如阅读、手工、烘焙、户外发呆）；
- 与值得信任的人一次深入对话（不是一起聊八卦，是彼此理解）；

· 写一篇情绪记录（描述本周的高光时刻/低谷时刻）；

· 一次让身体出点汗的运动体验（游泳、骑车、瑜伽、爬山）。

这一层的目标是：定期释放内压，降低情绪“积压爆炸”的风险。

第3层：成长追踪的“月度复盘”（每月）

每个月，找一张纸或打开电子笔记，回答这五个问题：

· 这个月，我面对过哪些情绪波动？我怎么应对的？

· 有哪些事让我特别焦虑？我有没有处理它们？

· 我有没有什么新的调节方法，值得保留下来？

· 我在哪些时刻感觉到自己“进步了”？

· 下个月，我想多尝试哪一种“对我有效”的方式？

你不需要完美答案，这些记录的意义是让你不断觉察自己在提升情绪调节能力。

为未来的情绪波动时刻预留应对预案

焦虑不会消失，它也许会换个样子回来。我们不怕它回来，怕的是被打个措手不及。为此，请你给自己准备一套“情绪急救包”，里面包含：

· 一段你过往应对低谷的回忆（写下来，当做提醒）；

· 一个你信任的人联系方式（无须多，只要你肯说）；

· 一本你翻阅时能感到安心的书（哪怕只看过一遍）；

· 一张当感到不安时，“我能做些什么”的清单（列出3~5个能较快做的简单调节行为，如散步、洗热水澡、写字、深呼吸）。

这份情绪预案不是给现在的你用的，而是留给未来感到不安的你。

30天的练习里，你已经从“我不知道怎么应对焦虑”成长为“我开始知道怎么和它相处”。未来的日子，你可以继续作为自己的支持者，用以下方式关照自己：

· 当焦虑升起，别说“我怎么又这样”，尝试说“我现在需要什么？”

· 当某个方法暂时失效，不说“我没用”，尝试说“我可以换个方式”。

· 当别人不理解你，不急着解释，可以对自己说：“我正在学习理解自己。”

培养稳定的情绪调节能力，更需要的是稳定、可持续的自我关怀与练习，而非依赖短期的爆发力。

今天的小练习

制定你的“长期情绪照料清单”

请在笔记本或卡片上，写下以下三项内容，贴在你看得见的地方（桌角、手机备忘录、便签墙）：

· 我每天愿意坚持的小事，例：每天早上闭眼深呼吸3次 / 每天记录一件让我笑的事；

· 我每周愿意尝试安排些自我照料时间，例：每周六晚散步半小时 / 每周五晚不碰社交媒体；

· 当感到焦虑或不安时，我会选择的一个安全动作，例：出门走两圈，哪怕只是楼下花园。

我也能帮人“除焦”（应对焦虑）吗？

很多人以为，只有安全摆脱焦虑的人，才有资格去帮助他人。但现实未必如此：

· 正因为你曾经走过情绪的黑夜，你更理解那种“看不见出路”的慌张；

· 正因为你曾经经历过“不被理解”的难堪，你更知道一句温暖的话有多珍贵；

· 正因为你明白“焦虑不是毛病，而是没被看见的累”，你才更懂得用不评判的方式陪伴别人。

你不是在“拯救”谁，而是在做一件特别柔软却坚定的事——成为那个你曾经渴望遇见的人。

你已经拥有了一份很特别的“传递力”

走过了33天的情绪训练，你可能仍会焦虑、仍会低落、仍会烦躁……但此刻

的你已经有了一些不同。你开始拥有：

- 更敏锐地分辨情绪的能力；
- 与自己对话的更多耐心；
- 建立边界的更多勇气；
- 更善于觉察幸福的眼睛。

这份经验，不只是你的资源，更是你的“灯”。不是每个人都能走到这里。而你，已经具备了照亮别人的起点。

3种“零压力”的正向传递方式

你不需要成为心理咨询师，也不必具备专业知识，只要有一颗愿意理解与倾听的心，你就可以尝试成为情绪助力者。

分享你的真实经历

你可以写一篇公众号文章、录一条播客、在朋友圈发一段文字、在饭桌上轻描淡写地提起。比如：

- “我前阵子也常常心跳加快、手出汗，后来尝试练习几天呼吸，感觉似乎好一点儿。”
- “你是不是最近太紧绷了？我之前也那样，后来发现有时运动其实挺有用的。”
- “我用一个办法觉得蛮好的，试着每天写3件自己觉得还不错的小事。”

这些分享，不是为了指点，而是为了让别人知道：

- “你不是唯一会这样感受的人。”
- “我们都可能经历过，也都在寻找办法。”

成为一个“不评判”的倾听者

焦虑的人往往最怕的不是焦虑本身，而是：

- 被误解；
- 被轻视；
- 被催促；
- 被否定。

你不需要急着给建议，也不需要分析问题，可以尝试问一句：“你最近是不是挺不容易的？要不要说说？”

或许他/她不会立刻打开心扉，但请相信真诚的倾听，就像播下一颗种子。哪怕只是在关键时刻，对方想起你说过一句：“没关系，我能理解你的感受”，也可能为他/她面对焦虑带来一些不同。

 引导他人做一点儿“可控的改变”

焦虑常常来自“失控感”，而你可以尝试轻轻引导他人做一点儿小动作，帮助恢复一些掌控感：

· 陪对方做一次深呼吸；

· 一起写一页“今天的小确幸”；

· 送他/她一本你看过的、对你有启发的书，附上你的手写书签；

· 邀他一起去走一圈，哪怕只是楼下的小道；

· 给对方一个无须回复的晚安语音，让他知道不必“表现正常”。

这些看似微不足道的动作，都是一种“我愿意在你身边”的信号。

 当你在传递温暖的时候，也在滋养自己

有些人说：“我自己都还没完全搞定，怎么帮别人？”但你知道吗？助人也常常助己。

· 当你鼓励别人时，也在提醒和鼓励自己；

· 当你复述方法时，也在加深理解与练习；

· 当你看见别人的努力或改变时，也可能增强“我也可以”的信心。

情绪的支持从来不是单向的，而是一种互相的滋养。试着想一想，在你焦虑、低谷的那段时间里——

· 有没有某个人，对你说过一句让你很暖的话？

· 有没有某个瞬间，让你不那么想放弃？

· 有没有一本书、一段文字、一次偶遇的善意，让你又愿意继续试一试？

你也可以成为那个让别人感到不那么孤独的人，只要做一盏亮着的小灯，哪怕只照亮半步路，也可能让一个陷入黑暗的人看见一点儿希望。

这本书写到这里，并不是一个终点，而是你新的“情绪生活”的起点。愿你每天都能为自己留下一点儿温柔，也愿你，哪怕只是一点点，尝试成为别人的一丝微光。

今天的小练习

我也可以尝试成为谁的一丝微光

请试着写下这3段文字，哪怕你只写一句，也请认真地写：

我曾经最感谢的那个时刻是：________________

如果我愿意给焦虑中的某个人一句话，我会说：

____

接下来，我愿意尝试以这种方式，陪伴或温暖一个人：

____

你不必成为耀眼的太阳，但你可以是一丝微光。你不必为世界做什么伟大的事，只要真诚地、温柔地活着，本身就很珍贵。